21世纪高等学校计算机教育实用系列教材

大学计算机实验教程

（第2版）

刘 琦 主编

孙莹光 戴春霞 高 晗 李耀芳 洪 姣 彭慧卿 编著

清华大学出版社
北 京

内 容 简 介

"大学计算机"是高等学校非计算机专业学生的公共基础课,课程目标是培养学生具备计算思维能力和运用计算机解决实际问题的能力。

本书以计算思维统领全书,兼顾不同专业、不同层次学生对计算机知识的需求,最大限度地涉及计算机学科前沿科技,内容分为实验与实践篇和练习与测试篇。实验与实践篇共设计开发了 22 个实验,涉及演示验证性实验和实践性实验,给出了案例设计和实验作业;练习与测试篇根据目前执行的最新"大学计算机"课程教学大纲,给出了《大学计算机》教材章节内容的练习与测试。

本书不仅可以作为高等学校非计算机专业"大学计算机"课程的实验教材,还可供初学者自学使用。

图书在版编目(CIP)数据

大学计算机实验教程/刘琦主编.—2 版.—北京:清华大学出版社,2023.9
21 世纪高等学校计算机教育实用系列教材
ISBN 978-7-302-64647-1

Ⅰ.①大… Ⅱ.①刘… Ⅲ.①电子计算机－高等学校－教材 Ⅳ.①TP3

中国国家版本馆 CIP 数据核字(2023)第 168805 号

责任编辑:贾 斌
封面设计:常雪影
责任校对:胡伟民
责任印制:刘海龙

出版发行:清华大学出版社
　　　网　　　址:http://www.tup.com.cn,http://www.wqbook.com
　　　地　　　址:北京清华大学学研大厦 A 座　　　邮　　　编:100084
　　　社 总 机:010-83470000　　　邮　　　购:010-62786544
　　　投稿与读者服务:010-62776969,c-service@tup.tsinghua.edu.cn
　　　质量反馈:010-62772015,zhiliang@tup.tsinghua.edu.cn
　　　课件下载:http://www.tup.com.cn,010-83470236
印 装 者:三河市天利华印刷装订有限公司
经　　　销:全国新华书店
开　　　本:185mm×260mm　　　印　　　张:10.5　　　字　　　数:263 千字
版　　　次:2019 年 10 月第 1 版　2023 年 9 月第 2 版　　　印　　　次:2023 年 9 月第 1 次印刷
印　　　数:1～4500
定　　　价:35.00 元

产品编号:103311-01

前　言

　　"大学计算机"课程是面向非计算机专业学生的公共基础课程,为了进一步推动高等学校计算机基础的教学改革与发展,深入贯彻教育部高等学校大学计算机课程教学指导委员会于 2015 年制定的《大学计算机基础课程教学基本要求》,编者组织多年从事计算机基础教育工作的教学团队编写此书,明确以计算思维为导向的改革方向,积极探索以提高学生计算思维能力为培养目标的教学内容改革,对教学内容进行了梳理、精简和更新。

　　随着我国高等教育规模的扩大及社会对高层次应用型人才的迫切需求,各高校加大了使用信息科学等现代科学技术提升和改造传统学科专业的力度,以实现传统学科专业向工程型和应用型学科专业的发展与转变。为配合高校工程型和应用型学科专业的建设和发展,"大学计算机"作为第一门计算机相关的基础课程,为其他课程的学习提供了基础性的工具和方法,《大学计算机实验教程》教材的编写理念和内容同样需要与时俱进、及时修订。

　　"为党育人,为国育才,全面提高人才自主培养质量"同样是教材编写者的使命和责任,《大学计算机实验教程》教材与课程思政协同向前,将家国情怀、法制意识、人文精神、探索创新、社会责任等思政元素融入教材中,以社会主义核心价值观贯穿全教材,培养德智体美劳全面发展的社会主义建设者,是教材修订的另一宗旨。

　　经过 3 年多的讲授与实践,综合各方面的反馈,编者对《大学计算机实验教程》教材进行了改版,更新了全部实验素材、任务、实验作业与练习测试题,实验素材和作业中新增了思政元素,可使学生掌握软件的高级应用。

　　总之,本次修订重点突出《大学计算机》教材的基础性、应用性、操作性和前沿性,同时深度挖掘教材内容中的德育元素,将中国的好故事、好素材"植入"教材中,让学生在潜移默化之中受到教育。

　　本书分为实验与实践篇和练习与测试篇。实验与实践篇共设计开发了 22 个实验,涉及演示验证性实验和实践性实验,给出了案例设计和实验作业。实验与实践篇分为 6 章,分别就操作系统、文字处理、电子表格处理、演示文稿制作、Access 数据库应用和计算机网络实验 6 部分内容给出案例设计和实验作业。通过实验作业,以问题为主拓展练习,引导学生总结和思考,强调自主学习和创新能力的培养。本篇既为兼顾计算机零基础的学生保留了办公软件实验,又补充了有关新技术的实验;练习与测试篇根据目前执行的最新"大学计算机"课程教学大纲安排了 8 章,用于巩固学生学习的基础知识和理论知识,全面覆盖课程的知识点。

　　本书总结了作者多年的教学经验,为提高教学实效,促进学生自主学习,还提供了丰富的实践教学资源,包括:

　　(1) 二维码,可通过扫描二维码观看实验演示视频和习题答案及解析等;

（2）配套的实验方案与详细的实验指导。

本书由刘琦主编,孙莹光、戴春霞、高晗、李耀芳、洪姣、彭慧卿参编,戴华林、李玮等教师对全书的修改提出了许多宝贵意见,在此一并表示感谢;同时,也深深感谢国内各高校的专家、一线教师的支持与帮助。

鉴于编者水平有限,书中难免有不足之处,恳请各位同行专家和读者批评指正。

编　者

2023 年 3 月

目　录

实验与实践篇

IV

练习与测试篇

实验与实践篇

第1章　操　作　系　统

实验 1-1　熟识操作系统及计算机配置

1. 实验目的
(1) 学会正确开关计算机。
(2) 了解个人或实验室计算机安装的操作系统软件。
(3) 了解个人或实验室计算机的主机配置情况。
(4) 学会查看计算机的外部设备状况。

2. 实验示例
【任务 1】　启动计算机。

【要求】　熟悉开机过程，了解 Windows 操作系统由外存加载到内存，再到正常工作的流程。

【操作步骤】

(1) 依次打开显示器、主机电源开关(先开外部设备，再开主机)，注意观察启动过程和屏幕上的显示信息。

(2) 计算机进入自检程序，检查硬件系统是否正常。如果自检通过，则继续执行下一步；如果没有通过，则应报告实验教师。

(3) 如果设置了开机密码，应在"密码"文本框中输入正确的密码，单击"进入"按钮或按 Enter 键。

(4) Windows 操作系统进入自启动过程(由外存加载到内存)，启动完成后，出现 Windows 桌面。

☞提示 1：上述步骤是使用 BIOS 启动 Windows 操作系统的过程。2013 年之后生产的计算机绝大多数集成了 UEFI(Unified Extensible Firmware Interface，统一的可扩展固件接口)固件，这是 BIOS 的一种升级替代方案，旨在提升应用程序交互性和解决 BIOS 的限制。使用 UEFI 启动计算机没有加电自检过程，加快了 Windows 操作系统的启动速度。BIOS 和 UEFI 启动流程如图 1-1 所示。

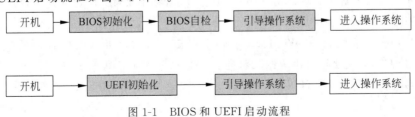

开机 → BIOS初始化 → BIOS自检 → 引导操作系统 → 进入操作系统

开机 → UEFI初始化 → 引导操作系统 → 进入操作系统

图 1-1　BIOS 和 UEFI 启动流程

☞提示 2：以下本章的各项操作基于 Windows 10 操作系统。

【任务 2】 查看计算机的软硬件配置情况。

【要求】

（1）了解操作系统软件的组成。

（2）查看操作系统版本号、处理器型号和内存（机带 RAM）容量等计算机基本信息。

（3）进入"设备管理器"窗口，查看本机设备配置情况。

【操作步骤】

（1）依次双击桌面上的"此电脑"图标→"本地磁盘（C:）"→"Windows"文件夹，即可看到 Windows 操作系统软件包含的所有内容，了解并查看 Windows 操作系统自带的记事本程序 notepad.exe 和字体管理文件夹 Fonts。

（2）右击桌面上的"此电脑"图标，在弹出的快捷菜单中选择"属性"命令，打开"属性"窗口，查看并记录处理器（CPU）型号、内存容量、操作系统的版本号和系统类型（32 位或 64 位）等基本信息。

（3）右击"开始"按钮，在弹出的快捷菜单中选择"设备管理器"命令，打开"设备管理器"窗口，查看是否有不可用的设备，如果有，尝试修复。关注并记录"键盘""监视器""网络适配器（网卡）"的状态信息及驱动程序。

☞提示：通常，"设备管理器"窗口中各设备前面的彩色符号表明设备的工作状态。

• 红色叉号说明该设备已被停用，通过右击该设备，在弹出的快捷菜单中选择"启用"命令即可重新启用。

• 黄色问号或感叹号，前者表示该硬件未能被操作系统识别；后者表示该硬件未安装驱动程序或驱动程序安装不正确，可以右击该硬件设备，在弹出的快捷菜单中选择"卸载"命令，然后重新启动系统，大多数情况下系统会自动识别硬件并安装驱动程序。

【任务 3】 关闭计算机。

【要求】 关闭计算机，了解"关机""注销""睡眠""重启"等选项的功能。

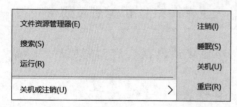

图 1-2 "关机或注销"级联菜单

【操作步骤】

（1）保存各个窗口中需要保存的数据。

（2）关闭所有打开的窗口。

（3）右击"开始"按钮，在弹出的快捷菜单中选择"关机或注销"→"关机"命令，如图 1-2 所示。

如需重新启动计算机或注销等操作，可选择"关机或注销"级联菜单中的其他选项。

☞提示：

• 注销：结束当前用户的所有工作窗口，但计算机不关闭，其他用户可以登录而无须重新启动计算机。

• 睡眠：一种节能状态，Windows 操作系统会将当前打开的文档和程序保存到内存中，使 CPU、硬盘等处于低能耗状态。计算机恢复时只需单击即可。

• 重启：当遇到某些故障时，使用此功能。但是，如果出现死机，需强行关闭计算机，即关闭主机电源。

（4）关机之后，再关闭打印机和显示器等外部设备的电源开关。

3. 实验作业

（1）查看办公软件 Office 的组成。

（2）在计算机的 USB 口插上 U 盘，查看该设备的状态信息。

（3）尝试在自己的计算机上安装或升级 Windows 操作系统。

实验 1-2　定制 Windows 操作系统工作环境

1. 实验目的

（1）掌握 Windows 10 工作环境设置方法。

（2）学会设置账户、桌面、任务栏、鼠标等个性化工作环境。

2. 实验示例

【任务 1】　Windows 10 工作环境设置方法（介绍 3 种常用操作方法）。

【要求】

（1）打开 Windows 10 设置窗口。

（2）打开 Windows 10 控制面板窗口。

（3）打开工作环境设置快捷菜单。

【操作步骤】

（1）依次单击"开始"按钮→左侧重要快捷图标区中的"⚙"，即可打开 Windows 设置窗口，如图 1-3(a)所示。

（2）依次单击"开始"按钮→程序列表区中的"Windows 系统"→"控制面板"，即可打开控制面板窗口，如图 1-3(b)所示。在图 1-3(a)和图 1-3(b)所示窗口中，可根据用户需要进一步选择系统、设备、个性化、账户等设置。

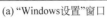
(a)"Windows设置"窗口

(b)"控制面板"窗口

图 1-3　"Windows 设置"窗口和"控制面板"窗口

（3）右击桌面空白处，在弹出的快捷菜单中选择"显示设置"命令，可实现屏幕、声音、剪贴板等系统设置；右击桌面空白处，在弹出的快捷菜单中选择"个性化"命令，可实现桌面背景、"开始"菜单、任务栏等个性化设置。

☞提示：Windows 10 工作环境设置方法主要有上面 3 种，可根据个人习惯选用。

【任务2】 系统设置。

【要求】

(1) 显示设置：关闭显示器夜间模式，更改系统显示，将文本、应用等项目的大小设置为 125%，设置显示分辨率为 1400×900，将系统显示方向改为"纵向"。

(2) 声音设置：将默认主音量设置为 20，禁用音频输入设备。

(3) 通知和专注助手：获取来自应用和其他发送者的通知，在锁屏界面上显示通知，允许通知播放声音；专注助手设置为"仅优先通知"。

(4) 电源和睡眠：设置接通电源情况下，30min 后关闭屏幕；设置在通电情况下，计算机经过 1h 进入睡眠状态。

(5) 平板电脑模式设置：在平板模式下，关闭隐藏任务栏上的应用图标功能。

(6) 剪贴板设置：关闭剪贴板历史记录，清除剪贴板数据。

(7) 其他设置：启用远程桌面；重命名这台计算机为"WT"。

【操作步骤】

1) 显示设置

(1) 依次单击"开始"按钮→ ⚙ 图标→"系统"，打开"设置"窗口，如图 1-4 所示。

系统设置

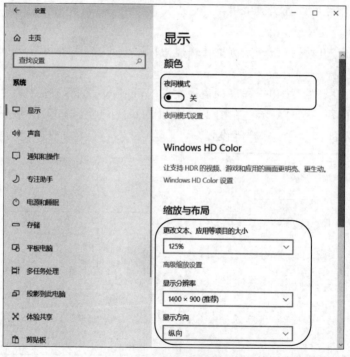

图 1-4　系统"设置"窗口

(2) 选择左侧导航窗格中的"显示"选项卡，在右侧窗格中将"夜间模式"设置为"关"，将"缩放与布局"中的"更改文本、应用等项目的大小"设置为"125%"，设置"显示分辨率"为"1400×900"，将"显示方向"设置为"纵向"。

2) 声音设置

(1) 选择系统设置窗口左侧导航窗格中的"声音"选项卡，在右侧窗格中调整输出"主音量"为"20"。

(2) 在右侧窗格中单击"输入"下方的"设备属性"超链接,在打开的窗口中选中"禁用"复选框。

3) 通知和专注助手

(1) 选择"设置"窗口左侧导航窗格中的"通知和操作"选项卡,在右侧窗格中设置"获取来自应用和其他发送者的通知"为"开",选中"在锁屏界面上显示通知"和"允许通知播放声音"复选框。

(2) 选择"设置"窗口左侧导航窗格中的"专注助手"选项卡,在右侧窗格中选中"仅优先通知"单选按钮。

☞提示:专注助手类似于手机的消息免打扰功能。

4) 电源和睡眠

选择"设置"窗口左侧导航窗格中的"电源和睡眠"选项卡,在右侧窗格中将"屏幕"下方的"在接通电源的情况下,经过以下时间后关闭"设置为"30 分钟",将"睡眠"下方的"在接通电源的情况下,计算机在经过以下时间后进入睡眠状态"设置为"1 小时"。

5) 平板电脑模式设置

选择"设置"窗口左侧导航窗格中的"平板电脑"选项卡,在右侧窗格中单击"更改其他平板设置"超链接,在打开的窗口中打开"平板模式"开关,将"隐藏任务栏上的应用图标"设置为"关"。

6) 剪贴板设置

选择"设置"窗口左侧导航窗格中的"剪贴板"选项卡,在右侧窗格中将"剪贴板历史记录"设置为"关",单击"清除剪贴板数据"下方的"清除"按钮。

7) 其他设置

(1) 选择"设置"窗口左侧导航窗格中的"远程桌面"选项卡,在右侧窗格中将"启用远程桌面"设置为"开"。

(2) 选择"设置"窗口左侧导航窗格中的"关于"选项卡,在右侧窗格中单击"重命名这台电脑"按钮,在弹出的"重命名你的电脑"对话框中输入"WT"。

【任务 3】 桌面设置。

【要求】

(1) 桌面主题设置:设置桌面背景为图片"黄昏",选择契合度为"拉伸";颜色设置为"浅色",启用背景颜色透明效果;锁屏界面背景设置为"幻灯片放映",在登录屏幕上显示锁屏界面背景图片,将屏幕保护程序设置为"3D 文字",等待 5min 启动;保存前面的设置为自定义主题,名称为"DIY",重新更改操作系统主题为"Windows 10"。

(2) 添加桌面图标"网络"和"控制面板"。

(3) 创建一个虚拟桌面,命名为"娱乐桌面"并进入该桌面;切换到桌面 1 中,打开任意一个娱乐软件;将桌面 1 中打开的音乐软件应用程序分配到"娱乐桌面"中。

设置桌面主题

【操作步骤】

1) 桌面主题设置

(1) 右击桌面空白处,在弹出的快捷菜单中选择"个性化"命令,打开个性化设置窗口。

(2) 选择左侧导航窗格中的"背景"选项卡,在右侧窗格中选择背景为"图片",并选择图片"黄昏",选择契合度为"拉伸"。

操作系统

(3) 选择左侧导航窗格中的"颜色"选项卡,在右侧窗格中选择颜色为"浅色",透明效果为"开"。

(4) 选择左侧导航窗格中的"锁屏界面"选项卡,在右侧窗格中选择背景为"幻灯片放映",设置"在登录屏幕上显示锁屏界面背景图片"为"开";单击"屏幕保护程序设置"超链接,弹出"屏幕保护程序"对话框,设置屏幕保护程序为"3D 文字",等待 5 分钟。

(5) 选择左侧导航窗格中的"主题"选项卡,在右侧窗格中单击"当前主题"中的"保存主题"按钮,在弹出的对话框中将其命名为"DIY"。在"更改主题"中选择"Windows10"主题。

(6) 关闭"设置"窗口。

2) 添加桌面图标

(1) 右击桌面空白处,在弹出的快捷菜单中选择"个性化"命令,打开个性化设置窗口。

(2) 选择左侧导航窗格中的"主题"选项卡,在右侧窗格中单击"相关的设置"下方的"桌面图标设置"超链接,弹出"桌面图标设置"对话框,选中需要添加到桌面的图标"网络"和"控制面板"复选框。

3) 创建虚拟桌面

(1) 单击任务栏上任务视图按钮口,打开桌面管理器界面,单击新建桌面即可创建一个虚拟桌面,右击该虚拟桌面(桌面 2),选择"重命名",输入"娱乐桌面"并按 Enter 键确认,单击"娱乐桌面"即可进入。

(2) 单击任务栏上的任务视图按钮口,打开桌面管理器界面,鼠标光标移动到桌面 1,单击即可切换到桌面 1,在该桌面下打开任意一个音乐软件。

(3) 单击任务栏上的任务视图按钮口,打开桌面管理器界面,鼠标光标移动到桌面 1 下的音乐软件应用程序窗口图标处,拖曳到娱乐桌面中即可实现桌面任务重新分配。

☞提示 1:虚拟桌面是多任务、多窗口的虚拟分组方式,每个桌面就是一个分组,如工作桌面、娱乐桌面,以避免多窗口的繁杂操作,提高工作效率。虚拟桌面的出现是希望用户专注于某种应用场景或任务环境。

☞提示 2:虚拟桌面还有一个小用处,即对于一些应用,只想它在后台运行就可以了,如果最小化会在任务栏上留下图标,单击"关闭"按钮又会退出应用,那么就可以新建一个虚拟桌面,将这类应用放进去。

【任务 4】 任务栏设置。

【要求】

(1) 任务栏属性设置:锁定任务栏,且在桌面模式下自动隐藏任务栏,使用小任务栏按钮,将任务栏放置于桌面底端。

(2) 任务栏快速启动区设置:将应用程序"计算器"固定到任务栏。

(3) 任务栏通知区域设置:删除"时钟"显示,添加"触摸键盘"显示,再恢复到原状态。

(4) 任务栏其他选项设置:删除搜索框;将工具栏"链接"锁定到任务栏。

【操作步骤】

(1) 右击任务栏空白处,在弹出的快捷菜单中选择"任务栏设置"命令,打开任务栏设置窗口,将"锁定任务栏""在桌面模式下自动隐藏任务栏""使用小任务栏按钮"开关状态设置为开,选择"任务栏在屏幕上的位置"为"底部"。

(2) 单击"开始"按钮,在任务列表中找到"计算器"并单击,打开"计算器"窗口。右击任务栏上的"计算器"图标,在弹出的快捷菜单中选择"固定到任务栏"命令。

☞提示:右击任务栏上已固定的"计算器"图标,在弹出的快捷菜单中选择"从任务栏取消固定"命令,可解除"计算器"程序固定。推荐把经常使用的应用程序固定到任务栏。

(3)右击任务栏空白处,在弹出的快捷菜单中选择"任务栏设置"命令,打开任务栏设置窗口,单击"通知区域"下方的"打开或关闭系统图标"超链接,将"时钟"状态设置为"关","触摸键盘"状态设置为"开",观察任务栏通知区域变化,然后恢复到原状态。单击"通知区域"下方的"选择哪些图标显示在任务栏上"超链接,可添加网络、微信等图标。

☞提示:单击通知区域的上指箭头 ∧,显示出隐藏的图标,隐藏区域内任一图标可用鼠标拖动至任务栏显示区域进行显示,显示区域内的图标也可用鼠标拖动至隐藏区域进行隐藏。

(4)右击任务栏空白处,在弹出的快捷菜单中选择"搜索"→"隐藏"命令;再次右击任务栏空白处,选择"工具栏"→"链接",观察任务栏变化。任务栏中可添加选项,如图1-5所示。

图1-5 任务栏可添加选项

【任务5】 "开始"菜单设置。

【要求】

(1)设置在"开始"菜单中显示更多磁贴、常用的应用,使用全屏"开始"屏幕。

(2)在"开始"菜单中添加"计算器"磁贴。

【操作步骤】

(1)右击桌面空白处,在弹出的快捷菜单中选择"个性化"命令,打开个性化设置窗口。选择左侧导航窗格中的"开始"选项卡,在右侧窗格中将"在'开始'菜单上显示更多磁贴""显示最常用的应用""使用全屏'开始'屏幕"设置为"开"。

"开始"菜单设置

(2)单击"开始"按钮,在应用程序列表中找到"计算器"并右击,在弹出的快捷菜单中选择"固定到'开始'屏幕"命令。

【任务6】 设备设置。

【要求】

(1)鼠标属性设置:将鼠标主按钮设置为"右"("左撇子"习惯),设置鼠标指针悬停在非活动窗口上方时对其进行滚动;设置鼠标的双击速度为最快;提高指针精确度,启用鼠标指针阴影。

(2)打印机设置:让 Windows 管理默认打印机。手动添加本地打印机,使用 LPT2 端口,安装 Generic IBM Graphics 9pin 驱动,打印机名称设置为"Print1"。共享该打印机,设置共享名称为"PrintServer"。

鼠标属性设置

(3)输入和 USB 设置:设置书写时,在手写板上可以用手指书写;计算机连接 USB 设备出现问题时,请通知我。

【操作步骤】

1)鼠标属性设置

(1)依次单击"开始"按钮→ ⚙ 设置→设备,打开设备"设置"窗口。

（2）选择左侧导航窗格中的"鼠标"选项卡,在右侧窗格中选择主按钮为"向右键",将"当我悬停在非活动窗口上方时对其进行滚动"设置为"开"。

（3）单击"相关设置"下方的"其他鼠标选项"超链接,弹出"鼠标 属性"对话框,如图1-6所示。选择"鼠标键"选项卡,将双击速度调整到"快"。

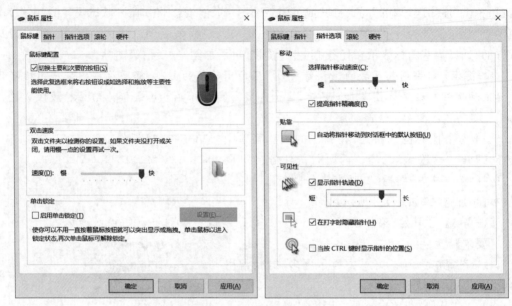

图1-6 "鼠标 属性"对话框

☞提示：如果用户不是"左撇子",应该将鼠标主按钮改回"向左键",以免给操作带来不便；双击速度需要测试,适合即可,一般不选择最快。

（4）选择"指针选项"选项卡,选中"移动"中的"提高指针精确度"和"可见性"中的"显示指针轨迹"复选框。

2）打印机设置

（1）依次单击"开始"按钮→⚙设置→设备,打开设备"设置"窗口。选择左侧导航窗格中"打印机和扫描仪"选项卡,在右侧窗格中选中"让Windows管理默认打印机"复选框。

（2）在右侧窗格中,依次单击"添加打印机和扫描仪"→"我需要的打印机不在列表中"超链接,弹出"添加打印机"对话框,选中"通过手动设置添加本地打印机或网络打印机"单选按钮,依次单击"下一页"按钮,设置"使用LPT2端口"、安装"Generic IBM Graphics 9pin驱动程序",将打印机命名为"Print1",设置为共享该打印机,共享名称为"PrintServer"。

3）输入和USB设置

依次单击"开始"按钮→⚙设置→设备,打开设备"设置"窗口。选择左侧导航窗格中的"笔和Windows lnk"选项卡,在右侧窗格中选中"在手写板上用手指书写"复选框；选择左侧导航窗格中的"USB"选项卡,在右侧窗格中选中"如果在连接到USB设备出现问题时,请通知我"复选框。

【任务7】 时间和语言设置。

【要求】

（1）时间设置：开启自动设置时间,时区设置为"北京,重庆,香港特别行政区,乌鲁木齐"。

（2）区域设置：将区域设置为"中国"，区域数据格式设置为每周的第一天为"星期一"，短日期格式为"年.月.日"，长时间格式为"上午 9:30:10"。

（3）语言设置：设置默认输入法为"微软拼音"，设置语言栏悬浮于桌面上。

【操作步骤】

1）时间设置

依次单击"开始"按钮→⚙设置→时间和语言，打开时间和语言"设置"窗口。选择左侧导航窗格中的"日期和时间"选项卡，在右侧窗格中将"自动设置时间"设置为"开"，时区选择"北京，重庆，香港特别行政区，乌鲁木齐"。

日期和时间
设置

2）区域设置

选择左侧导航窗格中的"区域"选项卡，在右侧窗格中选择"国家或地区"为"中国"，单击"区域数据格式"下方的"更改数据格式"超链接，设置一周的第一天为"星期一"，"短日期格式"为"年.月.日"，"长时间格式"为"上午 9:30:10"。

3）语言设置

选择左侧导航窗格中的"语言"选项卡，在右侧窗格中单击"语言"下方的"键盘"按钮，打开键盘设置窗口，如图 1-7 所示。"替代默认输入法"选择"中文（简体，中国）-微软拼音"；单击"语言栏选项"超链接，弹出"文本服务和输入语言"对话框，选中"悬浮于桌面上"单选按钮。

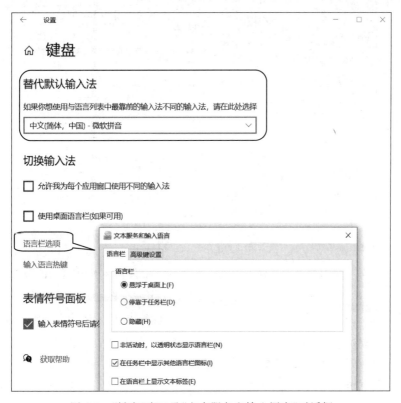

图 1-7　"键盘"窗口及"文本服务和输入语言"对话框

【任务 8】　创建和管理账户。

【要求】

（1）注册一个名为"user1"的 Microsoft 账户，并登录该账户。将创建的账户切换为本地账户,设置本地账户头像。

(2)在此计算机中添加一个本地新账户,名为"child",密码为"123",账户类型为"标准用户"。

【操作步骤】

1. 注册 Microsoft 账户

(1)依次单击"开始"按钮→ ⚙ 设置→账户,打开账户"设置"窗口,如图 1-8 所示。选择左侧导航窗格中的"家庭和其他用户"选项卡,在右侧窗格中单击"使用 Microsoft 账户登录"超链接,选择"没有账户? 创建一个!",在打开的窗口中,按照提示输入正确的"邮箱地址"完成注册。注册成功后,重新单击"使用 Microsoft 账户登录"超链接。

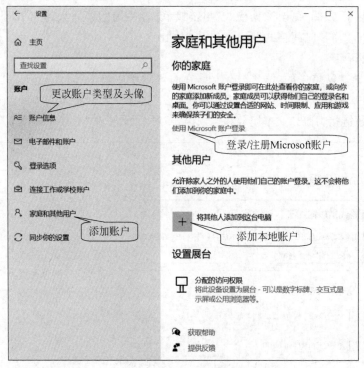

图 1-8 账户设置窗口

(2)选择左侧导航窗格中的"账户信息"选项卡,在右侧窗格中单击"改用本地账户登录"超链接,单击"从现有图片中选择",选取一张图片作为头像。

☞提示:用户账户记录用户名、口令等信息,通过账户可以让多人共用一台计算机,还可设置用户使用权限。Windows 10 操作系统包含以下用户账户。

管理员账户:具有最高控制权,可对计算机进行任何操作。

标准账户:可运行程序,能对系统进行常规设置(只对当前用户生效,不影响其他账户)。

Microsoft 账户:使用微软账号登录的网络账户,使用 Microsoft 账户登录计算机进行的任何个性化设置都会漫游到用户的其他设备或计算机端口。

2. 添加本地账户

依次单击"开始"按钮→ ⚙ 设置→账户,打开账户"设置"窗口。选择左侧导航窗格中的"家庭和其他用户"选项卡,在右侧窗格中依次单击"将其他人添加到这台电脑"→"我没有这个人的登录信息"→"下一步"→"添加一个没有 Microsoft 账户的用户",在"谁将会使用这台电脑?"处输入用户名"child",在"确保密码安全。"处输入密码"123",再次输入密码"123",完成其他信息输入后,单击"下一步"按钮即可。

3. 实验作业

(1) 将系统时间改为"2025/1/1",时间改为"上午 8:08:08",再改回当前的正确日期和时间。

(2) 添加"微软五笔"输入法,将其设置为默认输入法。设置语言栏"停靠于任务栏",高级键将"要关闭 Caps Lock"选项设置为"按 Shift 键"。

(3) 理解各种鼠标指针形状的含义,设置鼠标指针形状方案为"放大(系统方案)"。

(4) 桌面上若没有"计算机""网络""控制面板"图标,请完成设置(提示:依次选择桌面快捷菜单中的"个性化"→"主题"→"桌面图标设置")。

(5) 在设备设置中,开启自动更正键入的拼写错误和多语言文本建议,开启在所有媒体和设备上使用自动播放。

实验 1-3　文件及磁盘管理

1. 实验目的

(1) 熟悉文件资源管理器。

(2) 了解树状文件组织结构。

(3) 掌握文件和文件夹的常用操作。

(4) 学会管理磁盘。

2. 实验示例

【任务 1】　浏览"本地磁盘(C:)"(以下简称 C 盘)中的文件和文件夹。

【要求】

(1) 查看 C 盘"属性",了解 C 盘的类型、文件系统、总容量、可用空间和已用空间。

(2) 设置在同一窗口中打开每个文件夹或在不同窗口中打开不同的文件夹。

(3) 分别以小图标、列表、详细信息、内容等方式浏览计算机 C 盘上的内容。

(4) 分别按名称、大小、类型和修改时间对 C 盘内容进行排序,观察不同排序方式的区别。

浏览 C 盘内容
并排序

【操作步骤】

(1) 双击桌面上的"此电脑"图标,打开"此电脑"窗口,右击"C 盘",在弹出的快捷菜单中选择"属性"命令,在弹出的对话框中查看并记录 C 盘的类型、文件系统、总容量、可用空间和已用空间。

(2) 在"此电脑"窗口中双击"C 盘",打开"本地磁盘(C:)"窗口,选择"查看"选项卡,如图 1-9 所示。单击"显示/隐藏"选项组中的"选项"按钮,在弹出的"文件夹选项"对话框中选中"在同一窗口中打开每个文件夹"或"在不同窗口中打开不同的文件夹"单选按钮。

图1-9 "本地磁盘(C:)"窗口的"查看"功能区

(3) 单击"布局"组中的"小图标"按钮,以小图标方式浏览当前窗口的内容。同样,以"列表""详细信息""内容"等方式浏览当前窗口的内容。

(4) 单击"当前视图"选项组中的"排序方式"按钮,在弹出的下拉列表中选择"名称"和"递增",对窗口内容按名称递增顺序排序。用同样方法,体会其他排序方式。

☞提示:建议在"查看"选项卡中选中"文件扩展名"复选框,以便显示全部文件名称。

【任务2】 文件和文件夹的创建、移动、复制和更名。

【要求】

(1) 在D盘根目录中建立名为"lx1"和"lx2"的两个文件夹。在"lx1"文件夹下依次创建名为"jsj"和"tm"的两个子文件夹及名为"a.txt"的文本文档、名为"b.docx"的 Word 文档,如图1-10所示。

(2) 复制"jsj"文件夹、"b.docx"文件至"lx2"文件夹下。

(3) 移动"a.txt"文件至"lx2"文件夹下。

(4) 将"lx1"文件夹下的"b.docx"文件更名为"abc.docx"。

(5) 截取当前整个屏幕作为图片,用"画图"程序以"xbb1"为

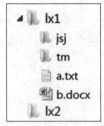

图1-10 文件夹及文件结构

文件名分别用 Bitmap、JPEG 和 GIF 文件类型保存在"lx1"文件夹下,观察文件大小。

【操作步骤】

1. 创建文件及文件夹

(1) 右击"开始"按钮,在弹出的快捷菜单中选择"文件资源管理器"命令,或双击桌面上的"此电脑"图标,均可打开"此电脑"窗口,在左侧导航窗格中单击"D盘",右侧窗格中显示出 D 盘的所有内容。

☞提示:可以选择以下两种方法之一创建文件夹或文件。

方法一:直接单击"主页"选项卡中的"新建文件夹"或"新建项目"按钮。

方法二:右击右侧窗格空白处,在弹出的快捷菜单中选择"新建"命令。

(2) 右击右侧窗格空白处,在弹出的快捷菜单中选择"新建"→"文件夹"命令,输入文件夹名"lx1"。用同样方法建立"lx2"文件夹。

(3) 双击打开"lx1"文件夹,用上述方法建立"jsj"和"tm"子文件夹。单击"主页"选项卡中的"新建项目"下拉按钮,在弹出的下拉列表中选择"文本文档"选项,输入文件名"a",单击窗口空白处或按 Enter 键确认。右击当前窗口空白处,在弹出的快捷菜单中选择"新建"→"Microsoft Word 文档"命令,输入文件名"b",按 Enter 键确认。

2. 复制操作

在右侧窗格中按 Ctrl 键的同时单击选中"jsj"文件夹和"b.docx"文件,按 Ctrl+C 组合

键复制；打开"lx2"文件夹，按 Ctrl＋V 组合键粘贴。

☞**提示 1**：选中"jsj"文件夹和"b.docx"文件后，按 Ctrl 键的同时直接将其拖曳入"lx2"文件夹，也可以实现复制操作（不同文件夹间的复制操作可通过按住 Ctrl 键的同时拖曳实现）。

☞**提示 2**：文件和文件夹的复制与移动需要先选中，再操作。选中与撤销选中操作对象的方式如下。

- 选中单个操作对象：单击即可。
- 选中连续的多个操作对象：先选中第一个操作对象，按 Shift 键的同时单击最后一个操作对象；或拖动鼠标指针，在所要选中的对象外围划一个框。
- 选中不连续的多个操作对象：按 Ctrl 键的同时单击要选中的操作对象。
- 选中窗口中的全部对象：按 Ctrl＋A 组合键。
- 取消选中操作对象：单击选中对象以外的区域即可；如果要从已选对象中取消一个或多个，则按住 Ctrl 键的同时，单击要取消选中的对象即可。

3. 移动操作

打开"lx1"文件夹，拖曳"a.txt"文件至窗口导航窗格的"lx2"文件夹下即可（不同文件夹间拖曳可实现移动操作），也可用快捷键实现移动：选中"a.txt"文件，按 Ctrl＋X 组合键剪切；打开"lx2"文件夹，按 Ctrl＋V 组合键粘贴。

4. 更名

打开"lx1"文件夹，以下方法可实现文件更名。该方法同样适用于文件夹更名。

方法一：右击"b.docx"，在弹出的快捷菜单中选择"重命名"命令，将其更名为"abc.docx"。

方法二：连续单击两次"b.docx"文件名，中间间隔几秒，文件名处变为可编辑状态后，将其更名为"abc.docx"。

5. 屏幕截图

（1）按 PrtSc 键。

☞**提示**：截取全屏，按 PrtSc 键；截取当前活动窗口，按 Alt＋PrtSc 组合键；截取任意形状，按 Win＋Shift＋S 组合键，其中 Win 为键盘上的 ⊞ 键。

截取屏幕图
片并保存

（2）打开"画图"窗口：单击"开始"按钮，在"开始"菜单中选择"画图"程序；或右击"开始"按钮，在弹出的快捷菜单中选择"运行"命令，在弹出的"运行"对话框中输入"mspaint"，单击"确定"按钮。

（3）在"画图"窗口中单击"新建"按钮，按 Ctrl＋V 组合键将屏幕图片粘贴到窗口中。

（4）选择"文件"菜单→"保存"命令，弹出"保存为"对话框，保存位置选择"D:\lx1"，输入文件名"xbb1"，保存类型分别选择"BMP""JPEG""GIF"，保存为 3 个文件，如图 1-11 所示。

☞**提示**：通过查看文件属性，观察 3 个文件的大小、压缩比和图片质量。BMP 类型文件是没有压缩的原始图像，JPEG 和 GIF 是压缩的图

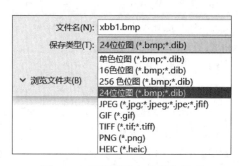

图 1-11 画图程序文件保存类型

像,观察 JPEG 和 GIF 图像是否失真;压缩比是指 JPEG 和 GIF 文件与 BMP 文件相比的压缩比率。

【任务3】 在桌面上创建快捷方式(以下练习分别介绍创建快捷方式的 3 种操作方法)。

【要求】

(1) 为"记事本"创建快捷方式。

(2) 为任务 2 建立的"lx1"文件夹创建快捷方式。

(3) 为"记事本"创建快捷方式。

【操作步骤】

(1) 从桌面创建:右击桌面空白处,在弹出的快捷菜单中选择"新建"→"快捷方式"命令,弹出"创建快捷方式"对话框,单击"浏览"按钮,在弹出的"浏览文件或文件夹"对话框中选择"C:\Windows\notepad.exe",单击"确定"按钮,再单击"下一页"按钮,输入快捷方式名称为"记事本",单击"完成"按钮。

☞提示:快捷方式是指图片左下角带有 符号的桌面图标,双击这类图标可以快速访问或打开某个程序,以提高办公效率。用户可根据需要在桌面上添加程序、文件或文件夹的快捷方式。

(2) 从应用程序或文件位置创建:打开 D 盘,右击右侧窗格中的"lx1"文件夹,在弹出的快捷菜单中选择"创建快捷方式"命令;再右击创建好的"lx1"文件夹快捷方式,在弹出的快捷菜单中选择"发送到桌面"命令。

(3) 从"开始"菜单创建:单击"开始"按钮,在"开始"菜单中选择"Windows 附件",将"记事本"拖曳到桌面;或右击"记事本",在弹出的快捷菜单中选择"更多"→"打开文件位置"命令(图 1-12),右击"记事本"快捷方式,在弹出的快捷菜单中选择"发送到"→"桌面快捷方式"命令。

图 1-12　创建"画图"程序快捷方式

☞提示:Windows 10 提供了 3 种应用程序的快捷启动方式:桌面快捷方式、固定到任务栏中的应用图标及固定到"开始"菜单中的磁贴。图 1-12 提供了从"开始"菜单的应用程序列表创建 3 种快捷启动方法。

【任务4】 删除文件和文件夹,以及使用回收站。

【要求】

(1) 删除 D 盘中"lx1"文件夹下的"tm"文件夹。

(2) 恢复刚刚被删除的"tm"文件夹。

(3) 永久删除"tm"文件夹。

(4) 清空回收站。

（5）设置各个驱动器的回收容量。

【操作步骤】

（1）双击桌面上的"此电脑"图标，在打开的"此电脑"窗口中双击"D盘"，在打开的D盘窗口中双击"lx1"文件夹，选中"tm"文件夹，按Delete键，或右击"tm"文件夹，在弹出的快捷菜单中选择"删除"命令，将其删除至回收站。

文件和文件夹
的删除与恢复

（2）双击打开桌面上的"回收站"窗口，选中"tm"文件夹，右击，在弹出的快捷菜单中选择"还原"命令。

（3）再次选中"tm"文件夹，按Shift+Delete组合键，将其永久删除。

☞提示：

- 对于硬盘上的文件或文件夹，删除是放进回收站，如果回收站没有被清空，则可以恢复；如果在删除的同时按Shift键，则永久删除文件夹，不进回收站。
- 对于U盘上的文件或文件夹，删除即是永久删除。

（4）右击桌面上的"回收站"图标，在弹出的快捷菜单中选择"清空回收站"命令。

（5）右击桌面上的"回收站"图标，在弹出的快捷菜单中选择"属性"命令，弹出"回收站属性"对话框，选中"C盘"，输入回收容量（如果没有特殊设置，每个分区的回收站最大容量是驱动器容量的10%，用户也可以自己调整大小）。

【任务5】 设置并查看文件或文件夹属性。

【要求】

（1）将"lx2"文件夹下的"a.txt"的文件属性设置为"只读"。

（2）将"lx2"文件夹属性设置为"隐藏"。

（3）在"文件夹选项"对话框中设置"不显示隐藏的文件、文件夹或驱动器"和"隐藏已知文件类型的扩展名"，观察"lx2"文件夹及"lx1"文件夹下的文件变化情况。

【操作步骤】

（1）打开"lx2"文件夹，右击"a.txt"文件，在弹出的快捷菜单中选择"属性"命令，在弹出的对话框中选中"只读"复选框，单击"确定"按钮。

（2）右击"lx2"文件夹，在弹出的快捷菜单中选择"属性"命令，在弹出的对话框选中"隐藏"命令，单击"确定"按钮。查看"lx2"文件夹是否可见。

（3）设置文件及文件夹"查看"方式

① 打开"此电脑"窗口，选择"查看"选项卡，选中"显示/隐藏"选项组中的"文件扩展名"和"隐藏的项目"复选框；或单击"选项"按钮，弹出"文件夹选项"对话框（图1-13），选择"查看"选项卡，选中"不显示隐藏的文件、文件夹或驱动器"单选按钮和"隐藏已知文件类型的扩展名"复选框，单击"确定"按钮。

② 查看已设置为隐藏属性的文件夹"lx2"是否可见，查看"lx1"文件夹下的文件扩展名是否可见。

【任务6】 搜索文件或文件夹。

【要求】

（1）在本机上搜索"calc.exe"文件，并查看其保存位置。

（2）查找本机中含有文字"Windows"的所有文件。

（3）查找D盘上文件名第2个字符为b的所有文件。

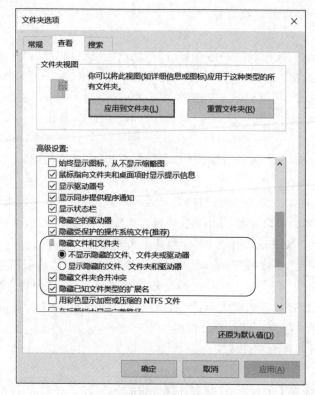

图 1-13　文件"查看"属性设置

（4）查找 D 盘上在本周内修改过的所有扩展名为"docx"的 Word 文件。

【操作步骤】

（1）在任务栏搜索框中输入"calc.exe"，系统将一边输入一边动态搜索。搜索到"calc.exe"文件后，在搜索结果右侧窗格中选择"打开文件所在的位置"，即可查到文件位置为"c:\Windows\System32"。

在本机上搜索
文件或文件夹-
要求(1)(2)

☞提示：任务栏上的搜索包含本机搜索和网络搜索，用户可在"设置"→"搜索"中设置搜索权限和范围（排除不想被搜索的文件夹）。

（2）设置并查找含有某信息的文件。

① 打开"此电脑"窗口，单击"查看"选项卡中的"选项"按钮，弹出"文件夹选项"对话框，选择"搜索"选项卡，选中"始终搜索文件名和内容（此过程可能需要几分钟）"，单击"确定"按钮。

② 在"此电脑"窗口右上角搜索栏中输入"Windows"，即可搜索到含有文字"Windows"的所有文件。

（3）在"此电脑"窗口的左侧窗格选中 D 盘，在右上角搜索栏中输入"?b∗.∗"。

在 D 盘上搜索
文件或文件夹-
要求(3)(4)

☞提示：如果忘记文件名称，可使用模糊搜索功能，方法是使用通配符"?"和"∗"，其中"?"表示任意一个字符，"∗"表示任意一个字符串。

（4）在"此电脑"窗口的左侧窗格选中 D 盘，在右上角搜索栏中输入"∗.docx"，单击"搜索"选项卡中的"修改日期"下拉按钮，在弹出的下拉列表中选择"上周"选项。

【任务 7】 磁盘管理。

【要求】

（1）观察并记录当前系统中磁盘的分区信息。

（2）将 U 盘上的所有文件和文件夹复制到硬盘，格式化 U 盘，并用自己的姓名设置卷标号，最后将文件复制回 U 盘。

（3）启动"磁盘清理"程序，尝试对 C 盘进行清理，查看可释放的文件大小。

（4）启动"磁盘碎片整理"程序，分析 C 盘，查看报告。

【操作步骤】

（1）右击桌面上的"此电脑"图标，在弹出的快捷菜单中选择"管理"命令，打开"计算机管理"窗口，选择"磁盘管理"；或右击"开始"菜单，在弹出的快捷菜单中选择"磁盘管理"命令，根据所用计算机的实际情况填写表 1-1。

表 1-1 磁盘分区信息

存储器		盘符	文件系统类型	容量
磁盘 0	主分区 1			
	主分区 2			
	主分区 3			
	扩展分区			
磁盘 1	可移动磁盘			
CD-ROM				

（2）按默认方式对 U 盘快速格式化。

① 在 D 盘新建文件夹"kk"，将 U 盘上的所有文件和文件夹复制到 D 盘的"kk"文件夹中。

② 右击 U 盘，在弹出的快捷菜单中选择"格式化"命令，在弹出的"格式化"对话框中，查看"容量""文件系统"等信息，在"卷标"处输入自己的姓名→单击"确定"按钮。

③ 将 D 盘"kk"文件夹中的内容复制到 U 盘。

☞提示：格式化 U 盘时，U 盘不能处于写保护状态，不能有打开的文件。U 盘的文件系统格式为 FAT32。

（3）右击"C 盘"，在弹出的快捷菜单中选择"属性"命令，弹出"Windows(C)属性"对话框，选择"常规"选项卡，单击"磁盘清理"按钮，查看并记录下列可释放的文件大小。

① 已下载的程序文件：_____。

② 临时文件：_____。

③ Internet 临时文件：_____。

④ 回收站：_____。

☞提示：一般来说，大学公共机房中的计算机安装了写保护卡，不必进行清理。

（4）右击"C 盘"，在弹出的快捷菜单中选择"属性"命令，弹出"Windows(C)属性"对话框，选择"工具"选项卡，单击"对驱动器进行优化和碎片整理"中的"优化"按钮，在弹出的对话框中选择"删除自定义设置"，在弹出的"优化驱动器"对话框中，可以先"分析"，也可以直接单击"优化"按钮。如果要定期进行磁盘优化,可以单击"更改设置"按钮,设置定期优化时间。

3. 实验作业

(1) 打开"此电脑"窗口,理解窗口中"◢"和"▷"或"〉"和"∨"符号的意义。观察磁盘的树状结构,练习展开和折叠操作。

(2) 将 C:\Windows 文件夹窗口中的图标以"列表"方式显示,并按"大小"排列图标。

(3) 查找计算机 C 盘上文件大小是 1~16MB 的文件。

(4) 在 D 盘创建一个名为"exam"的文件夹,执行如下操作。

① 查找本机 C 盘上的"考试素材"文件夹(已提供),将其复制到 D 盘的"exam"文件夹下。在"exam"文件夹下,将"考试素材"文件夹压缩为"考试素材.rar"文件。

② 在"exam"文件夹下创建名为"picture"的子文件夹和名为"p1.docx"的 Word 文档。

③ 打开"考试素材"文件夹下的"图片"文件夹,双击"高山.jpg"文件,打开该图片,截取当前屏幕画面作为图片,保存在"p1.docx"文档中。

④ 移动"p1.docx"至"picture"文件夹下。设置文件"p1.docx"属性为"只读"和"存档"。

⑤ 将"picture"文件夹更名为"图片"。删除"考试素材"文件夹。

⑥ 创建"exam"文件夹的桌面快捷方式。

(5) 使用云盘(网盘),要求如下。

① 查询百度网盘和 360 云盘的网址。

② 申请一个百度网盘。

③ 任意上传一个文件,最后以加密形式分享出去。

④ 下载相邻同学以加密形式分享的文件。

实验 1-4　程序及任务管理

1. 实验目的

(1) 学会应用程序的安装与卸载。

(2) 熟练掌握任务管理器的使用。

2. 实验示例

【任务 1】　安装与卸载程序。

【要求】

(1) 安装 Python 语言解释程序 IDLE。

(2) 卸载 Python 语言解释程序 IDLE。

【操作步骤】

(1) 从下载的 Python 解释程序安装软件中找到 Python 3.7.1.exe 可执行文件,双击打开安装界面,如图 1-14 所示。

选中"Add Python 3.7 to PATH"复选框,单击"Install Now",开始安装。成功安装后,单击"Close"按钮即可,如图 1-15 所示。

☞提示 1:应用程序的获取有以下途径。

• 购买安装光盘。

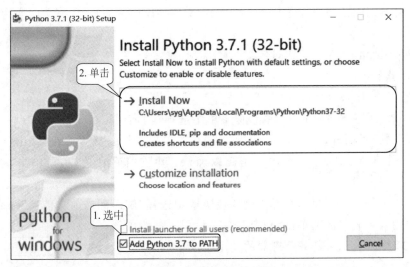

图 1-14　Python 语言解释程序 IDLE 安装界面

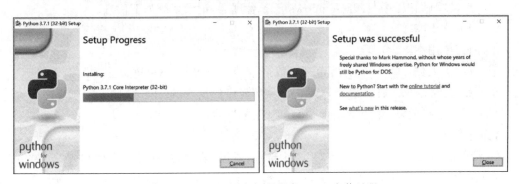

图 1-15　Python 语言解释程序 IDLE 安装过程

- 从软件开发商网站下载：开发商为了推广软件，通常会提供软件的测试版或正式版。对于开源或免费的软件，用户可以直接下载并使用所有功能，如 360 安全卫士可以从 360 官网下载，QQ 软件可以在腾讯官网下载，Python 解释程序可以在 https://www.python.org 网站选择对应操作系统的软件并下载。

- 从第三方软件网站下载，如华军软件园（www.onlinedown.net）、驱动之家（www.mydrivers.com）等。

- 通过软件管家下载。

☞提示 2：应用程序的安装通常从运行安装文件开始；安装中，需要注意提示信息并根据需求选择可选项。

（2）通过"Windows 设置"卸载 Python 语言解释程序 IDLE。

依次单击"开始"按钮→"⚙设置"→Windows 设置窗口中的"应用"，打开"应用"窗口，选择左侧窗格中的"应用和功能"选项卡，在右侧窗格中单击应用程序列表中的"Python 语言解释程序 IDLE"，单击"卸载"按钮即可。

【任务 2】　WinRAR 压缩程序的使用。

【要求】

（1）若计算机没有安装 WinRAR，则下载并且安装。

（2）应用 WinRAR 程序，将 D 盘下的"lx1"文件夹压缩并加密，压缩文件名为"lxlx"，密码为"123"。

（3）将刚压缩的文件解压到同名文件夹中。

【操作步骤】

（1）假定 WinRAR 程序存在。

（2）右击"lx1"文件夹，在弹出的快捷菜单中选择"添加到压缩文件(A)"命令，弹出"压缩文件名和参数"对话框，输入压缩文件名"lxlx"。单击"添加密码"按钮，弹出"输入密码"对话框，输入密码"123"，并再次输入密码以确认。单击"确定"按钮，再单击"立即压缩"按钮。

（3）右击"lxlx"压缩文件，在弹出的快捷菜单中选择"解压到当前文件夹"命令，在弹出的对话框中输入密码"123"，单击"确定"按钮。

【任务 3】 Windows 任务管理器的使用。

【要求】

（1）启动"画图"程序，打开 Windows 任务管理器，记录系统如下信息。

① CPU 使用率：_____。

② 内存使用率：_____。

③ 应用进程数：_____，后台进程数：_____，Windows 进程数：_____。

（2）通过 Windows 任务管理器终止"画图"程序的运行（适用于关闭无响应程序）。

（3）了解本机的"应用历史记录""用户""服务"情况。

【操作步骤】

任务管理器
的使用

（1）单击"开始"按钮，在"开始"菜单中选择"画图"程序，或在搜索框中输入"mspaint"，打开"画图"程序；按 Ctrl＋Shift＋Esc 组合键启动任务管理器，如图 1-16 所示，按计算机当前运行情况填写上面数据。

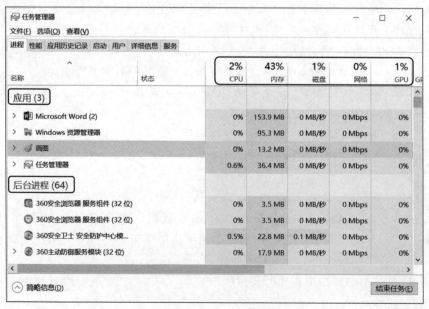

图 1-16　Windows 任务管理器

①通过状态栏或"性能"或"进程"选项卡查看；②通过状态栏或"进程"选项卡查看。

（2）选择"进程"选项卡，选择"画图"进程，单击"结束任务"按钮。

☞提示：在使用计算机的过程中，可能会遇到某个应用程序无响应情况（程序无法操作），通过正常的方法无法关闭该程序，这时可使用任务管理器关闭该程序，维护系统正常运行。

（3）依次查看"应用历史记录""用户""服务"选项卡内容，了解本机的工作状态。

3. 实验作业

（1）从正规网站搜索并下载 QQ 程序或计算机版微信程序，练习安装及删除该程序。

（2）观察并体会任务管理器"启动""详细信息"选项卡的功能。

（3）如果所用计算机已安装考试系统，则练习启动该应用程序并通过关闭进程结束考试系统（提示：如果是万维全自动网络考试系统，则该进程为"KCLIENT. EXE"）。

实验 1-5　计算机系统维护

1. 实验目的

（1）掌握 Windows 10 提供的系统维护功能。

（2）学会管理自启动程序。

（3）学会设置系统自动更新。

（4）学会设置虚拟内存。

2. 实验示例

【任务 1】　管理自启动程序。

【要求】　设置部分软件在开机时不自动启动。

【操作步骤】

（1）按 Ctrl＋Shift＋Esc 组合键，启动任务管理器，选择"启动"选项卡，如图 1-17 所示。

去掉不需要的
自启动程序

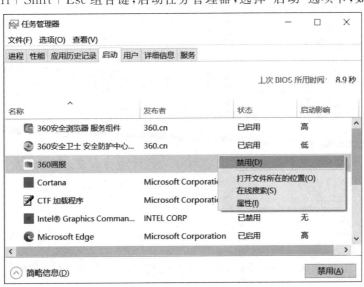

图 1-17　"启动"选项卡

（2）右击不想在开机时启动的应用程序，如"360"画报，在弹出的快捷菜单中选择"禁用"命令即可。

☞提示：在安装软件时，有些软件会自动设置为随计算机启动时一起启动。如果随计算机启动的软件过多，开机速度会变慢，也会消耗过多的内存，此功能可实现删除不必要的自启动程序。

【任务 2】 更新 Windows 操作系统。

【要求】 使用 Windows 操作系统更新功能检查并安装更新。

【操作步骤】

（1）依次单击"开始"按钮→" ⚙ 设置"→"更新和安全"，打开更新和安全窗口。

（2）选择左侧导航窗格中的"Windows 更新"选项卡，出现如图 1-18 所示窗口。在右侧窗格中单击"检查更新"按钮，操作系统开始更新检查。完成后，单击"查看可选更新"按钮，打开本次检查后的可选更新选项，如图 1-19 所示。选中更新项，单击"下载并安装"按钮，即可完成更新。

图 1-18 "Windows 更新"窗口

☞提示：操作系统的漏洞容易让计算机被病毒或木马程序入侵，设置 Windows 10 操作系统提供的更新功能可以检索发现漏洞并将其修复，实现保护操作系统安全。

【任务 3】 设置虚拟内存。

【要求】 将 C 盘的一部分空间设置为虚拟内存。

【操作步骤】

虚拟内存设置

（1）右击桌面上的"此电脑"图标，在弹出的快捷菜单中选择"属性"命令，打开系统设置窗口，单击右侧窗格中的"高级系统设置"超链接。

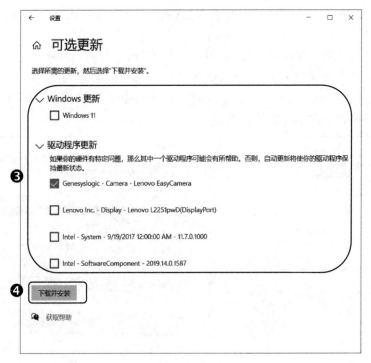

图 1-19 选择需要安装更新的选项

（2）弹出"系统属性"对话框，选择"高级"选项卡，单击"性能"选项组中的"设置"按钮，如图 1-20 所示。

图 1-20 "系统属性"对话框

(3) 弹出"性能选项"对话框,选择"高级"选项卡,单击"虚拟内存"选项组中的"更改"按钮,如图 1-21 所示。

(4) 弹出"虚拟内存"对话框,取消选中"自动管理所有驱动器的分页文件大小"复选框,在"每个驱动器的分页文件大小"选项组中选择"C:"选项。选中"自定义大小"单选按钮,在"初始大小"文本框中输入"1000",在"最大值"文本框中输入"5000",如图 1-22 所示,依次单击"设置"按钮和"确定"按钮,完成设置。

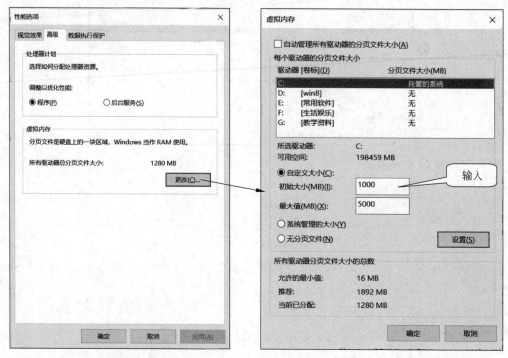

图 1-21 "性能选项"对话框   图 1-22 设置 C 盘部分空间为虚拟内存

☞提示:当打开的计算机程序较多时,如果内存不足,会导致运行缓慢甚至死机。通过设置虚拟内存,将部分硬盘空间充当内存使用,可提高计算机系统性能。

3. 实验作业

查找资料,了解更多系统维护的相关知识,学会查看并了解"注册表"信息。

第2章 文 字 处 理

实验 2-1　Word 2016 基本操作

1. 实验目的

(1) 熟悉文档的新建、打开和保存方法。

(2) 掌握字体、段落和页面的格式设置方法。

(3) 掌握查找替换的使用方法。

(4) 掌握边框、底纹的设置方法。

(5) 掌握首字下沉的插入和设置方法。

(6) 掌握项目符号和编号的设置方法。

2. 实验示例

【任务 1】 打开 Word 文档，熟悉界面，打开并保存文档。

【要求】

(1) 打开素材文件夹下的文档"冬奥会.docx"，将其另存为"北京冬奥会.docx"，设置文档自动保存的时间间隔为 5min。

(2) 为文档设置打开密码"111"。

(3) 设置文档作者为 dxjsj。

【操作步骤】

1) 打开 Word 文档，设置自动保存时间间隔

① 双击素材文件夹下的义档"冬奥会.docx"，将其打开，并另存为"北京冬奥会.docx"。

② 选择"文件"→"选项"命令，弹出"Word 选项"对话框，选择"保存"选项卡，在右侧窗格中选中"保存自动恢复信息时间间隔"复选框，将时间设置为 5min，单击"确定"按钮。

2) 为文档设置打开密码

选择"文件"→"信息"命令，单击"保护文档"下拉按钮，在弹出的下拉列表中选择"用密码进行加密"命令，弹出"加密文档"对话框，输入密码"111"并再次确认密码，单击"确定"按钮。

3) 设置文档作者

选择"文件"→"信息"命令，单击"属性"下拉按钮，在弹出的下拉列表中选择"高级属性"选项，弹出文档的属性对话框，在"摘要"选项卡"作者"文本框中输入作者名"dxjsj"，单击"确定"按钮。

4)单击"保存"按钮

【任务2】 页面设置。

【要求】 将文档页面设置为：A4纸，页边距为上、下2厘米，左、右3厘米，对称页边距，页眉页脚距边界1.5厘米，每行42字，每页45行。

【操作步骤】

(1)打开文档"北京冬奥会.docx"。

(2)单击"页面布局"选择卡→"页面设置"选项组右下角的对话框启动器按钮🔲，弹出"页面设置"对话框。

(3)在"页边距"选项卡中设置页边距上、下均为2厘米，左、右均为3厘米，在"页码范围"选项组中选择"对称页边距"，如图2-1所示。

(4)在"纸张"选项卡中设置"纸张大小"为A4。

(5)在"版式"选项卡中设置页眉页脚"距边界"均为1.5厘米。

(6)选中"文档网格"选项卡→"网格"选项组中的"指定行和字符网格"单选按钮，在"字符数"选项组指定每行42字，在"行数"选项组指定每页45行，如图2-2所示。

图2-1 设置页边距

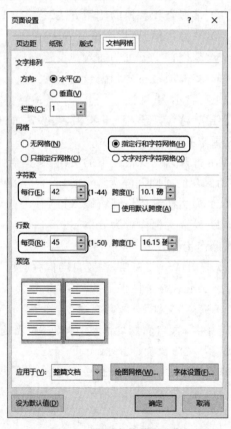

图2-2 设置字符数和行数

(7)保存文档。

☞提示：度量单位的默认值为"磅"，如果将单位设置为厘米，则可在"页边距"选项卡的上、下、左、右页边距微调框内直接输入页边距数值和"厘米"，如"2厘米"，系统会按厘米值设置(1 磅＝0.0356 厘米)页边距。此外,还可以选择"文件"→"选项"命令,弹出"Word 选项"对话框,在"高级"选项卡的"显示"选项组中将默认的度量单位修改为"厘米"。

【任务 3】 文本编辑、字体设置和段落设置。

【要求】

(1) 删除文档中的多余空行。

(2) 为文档添加标题"冬奥会北京 2022",将其设置成"双行合一"效果:"冬奥会 $\begin{bmatrix}北京\\2022\end{bmatrix}$"。设置标题格式为华文楷体、加粗、20 磅、红色、居中、段后间距 0.5 行,设置文字效果的"发光"样式为"发光变体/橙色,5pt 发光,个性色 2"。

(3) 将正文所有中文文字设置为宋体,小四号字;英文字符设置为"Times New Roman"字体。行距为 1.25 倍行距,每个自然段首行缩进 2 个字符。

(4) 将最后 3 个自然段变为正文的第 2～4 自然段。

【操作步骤】

1) 删除文档中的多余空行

(1) 单击"开始"选项卡→"编辑"选项组中的"替换"按钮,弹出"查找和替换"对话框,单击"更多"按钮,展开更多选项。

(2) 将插入点定位到"查找内容"文本框中,单击"特殊格式"下拉按钮,从弹出的下拉列表中选择"段落标记",则在"查找内容"文本框中自动插入了内容"^p";重复此操作,使"查找内容"文件框的内容为"^p^p"。

☞提示:也可以在"查找内容"文本框中直接输入"^p^p"。

(3) 将插入点定位到"替换为"文件框中,输入"^p",如图 2-3 所示。

图 2-3　删除多余空行

(4) 单击"全部替换"按钮。

(5) 多次单击"全部替换"按钮,直至将多余空行全部删除。

☞提示:本例中,有些段落间的空行为 3 行,所以需要单击 3 次"全部替换"按钮才能删除全部空行。

2) 输入标题,设置标题文字格式

(1) 将鼠标指针定位在文档的起始位置,输入标题文字"冬奥会北京 2022",按 Enter 键 (使标题单独占一行)。

(2) 选中标题文字"北京 2022",单击"开始"选项卡→"段落"选项组中的"中文版式"下

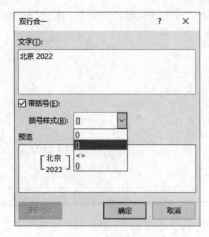

图 2-4　双行合一

拉按钮 ⁂▾,在弹出的下拉列表中选择"双行合一",弹出"双行合一"对话框,在"括号样式"下拉列表中选择"[ ]",单击"确定"按钮,如图 2-4 所示。

☞提示:可以在"预览"框中查看预览效果,如果文字位置不美观,可以用空格补齐长度,使两行文字长度一致。

(3) 设置标题文字格式、文字效果、段间距。

① 选中全部标题文字,单击"开始"选项卡→"字体"和"段落"选项组中的相应按钮,将标题设置为华文楷体,加粗、20 磅、红色、居中。

② 单击"开始"选项卡→"字体"选项组中的"文本效果和版式"下拉按钮 A▾,在弹出的下拉列表中设置文字效果的"发光"样式为"发光变体/橙色,5pt 发光,个性色 2"。

③ 选中标题行,单击"开始"选项卡→"段落"选项组右下角的对话框启动器按钮,弹出"段落"对话框,将"间距"选项组的"段后"设置为"0.5 行",单击"确定"按钮。

3) 设置字体格式、首行缩进、行距

(1) 选中正文,单击"开始"选项卡→"字体"选项组右下角的对话框启动器按钮 ⤢,弹出"字体"对话框,在"中文字体"下拉列表中选择"宋体",在"西文字体"下拉列表中选择"Times New Roman",在"字号"下拉列表中选择"小四",单击"确定"按钮,如图 2-5 所示。

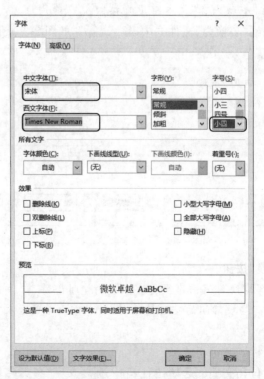

图 2-5　设置字体

（2）单击"开始"选项卡→"段落"选项组右下角的对话框启动器按钮 ⌐┐，弹出"段落"对话框，在"缩进和间距"选项卡的"特殊格式"下拉列表中选择"首行缩进"，缩进值为"2 字符"。

（3）在"间距"选项组"行距"下拉列表中选择"多倍行距"，"设置值"为 1.25，单击"确定"按钮，如图 2-6 所示。

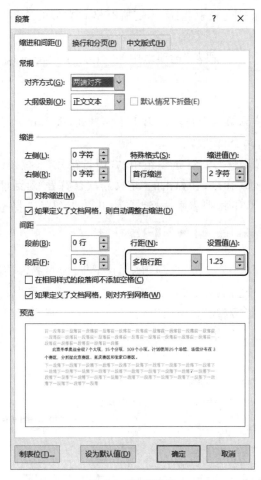

图 2-6　设置段落

4）移动段落位置（将最后 3 个自然段变为正文的第 2～4 自然段）

（1）选中最后 3 个自然段，右击，在弹出的快捷菜单中选择"剪切"命令。

（2）将鼠标指针定位到第 2 个自然段起始处，右击，在弹出的快捷菜单中选择"保留源格式"🗋粘贴命令。

☞提示：还可以使用剪切│粘贴的组合键 Ctrl＋X│Ctrl＋V 进行交换。

【任务 4】　添加编号、项目符号、边框和底纹。

【要求】

（1）为文中蓝色加粗字体添加"1.2.3."格式的自动编号。

（2）将第 2 个自然段分成两个自然段（每句话为一个自然段），并添加项目符号 ☎。

（3）将第 6 和 7 自然段（2021 年 9 月 17 日……这为奥运留下了全新的技术标准）设置为

"橙色,个性 2"双线边框,宽度为 0.75 磅,底纹为自定义填充色:RGB(200,215,125),样式 5%。

【操作步骤】

1)添加编号

(1)将鼠标指针定位到蓝色文字任意位置,单击"开始"选项卡→"编辑"选项组中的"选择"下拉按钮,在弹出的下拉列表中选择"选定所有格式类似的文本(无数据)"命令,则所有蓝色字体被选中。

(2)单击"开始"选项卡→"段落"选项组中的"编号"下拉按钮 ≔·,在弹出的下拉列表中选择"1.2.3."的样式。

2)添加项目符号

(1)将鼠标指针定位到第 2 个自然段第 1 个句号处,按 Enter 键,将第 2 个自然段分成两个自然段,然后选中这两个自然段。

(2)单击"开始"选项卡→"段落"选项组中的"项目符号"下拉按钮 ≔·,在弹出的下拉列表中选择"定义新项目符号"命令,在弹出的"定义新项目符号"对话框中单击"符号"按钮,弹出"符号"对话框,在"字体"下拉列表中选择"Wingdings",符号选择 ☎ ,单击"确定"按钮。

3)设置边框和底纹。

(1)选中第 6 和 7 自然段。

(2)单击"开始"选项卡→"段落"选项组中的"下框线" ▦· ,从弹出的下拉列表中选择"边框和底纹"命令,弹出"边框和底纹"对话框,在"边框"选项卡"设置"栏中选择"方框"按钮,在"样式"列表框中选择"双线","宽度"选择"0.75 磅","颜色"选择"橙色,个性 2",在"应用于"下拉列表中选择"段落",单击"确定"按钮,如图 2-7 所示。

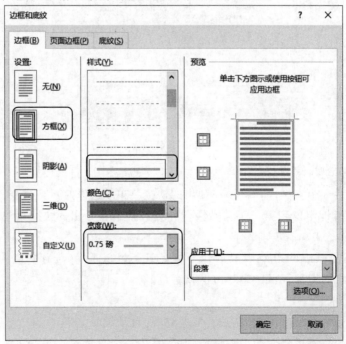

图 2-7　设置边框和底纹

（3）选择"底纹"选项卡，在"图案"选项组的"样式"下拉列表中选择"5％"，在"填充"下拉列表中选择"其他颜色"，弹出"颜色"对话框，在"自定义"选项卡下面的颜色文本框（红色、绿色、蓝色）中分别输入数字200、215、125，单击"确定"按钮，如图2-8所示。

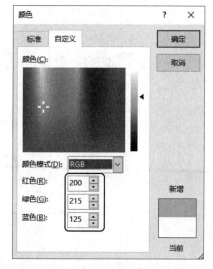

【任务5】 设置首字下沉、分栏及文字的查找替换。

【要求】

（1）将文档的第1个自然段设置首字下沉2行，距正文0.5厘米。

（2）将第4个自然段分成2栏，带分隔线。

（3）将第1个自然段的"奥林匹克运动会"替换为"奥运会"，替换后的字体为微软雅黑、绿色并添加着重号。

图2-8 设置颜色

【操作步骤】

1) 设置首字下沉

（1）将鼠标指针定位到第1个自然段的任意位置。

（2）单击"插入"选项卡→"文本"选项组中的"首字下沉" 下拉按钮，在弹出的下拉列表中选择"首字下沉选项"命令，弹出"首字下沉"对话框，设置首字下沉2行，距正文0.5厘米，单击"确定"按钮。

设置首字下沉

2) 设置分栏

（1）选中第4个自然段。

（2）单击"页面布局"选项卡→"页面设置"选项组中的"分栏"下拉按钮，在弹出的下拉列表中选择"更多分栏"命令，弹出"分栏"对话框，选择"两栏"，选中"分隔线"复选框，单击"确定"按钮。

3) 文字的查找替换

（1）选中第1个自然段。

（2）单击"开始"选项卡→"编辑"选项组中的"替换"按钮，弹出"查找和替换"对话框。

（3）选择"替换"选项卡，在"查找内容"文本框中输入文字"奥林匹克运动会"。

（4）将鼠标指针定位到"替换为"文本框中，输入替换后的文字"奥运会"。单击"更多"按钮，展开"查找和替换"对话框。单击"格式"下拉按钮，如图2-9所示，在弹出的下拉列表中选择"字体"命令，弹出"查找字体"对话框，将替换后的文字设置为微软雅黑、绿色并添加着重号，单击"确定"按钮。

（5）单击"全部替换"按钮。

☞提示：单击"全部替换"按钮后会弹出一个对话框，提示"是否搜索文档的其余部分？"。因为这里只替换第1个自然段中的"奥林匹克运动会"，所以单击"否"按钮。

【任务6】 为Word文档添加脚注。

【要求】 为第1个自然段的首个"奥运会"添加脚注"每四年一届"，设置为宋体六号字，编号为①样式。

33

第2章

文字处理

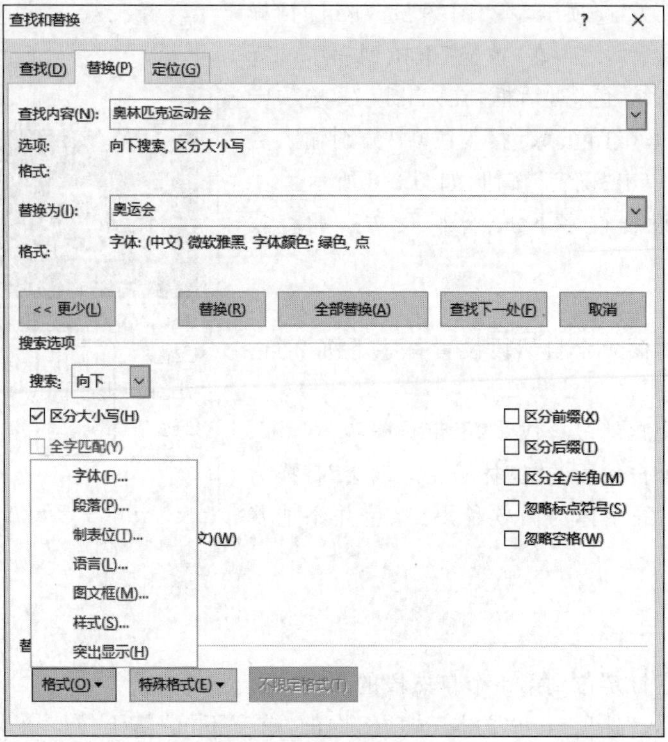

图 2-9 “查找和替换”选项

冬奥会

第 24 届冬季奥运会[1]（The XXIV Olympic Winter Games）于 2022 年 2 月 4 日至 2 月 20 日在中国北京举行，为期 16 天。北京也成为历史上第一座既举办过夏季奥运会又举办过冬季奥运会的城市。

- 北京冬奥会吉祥物为“冰墩墩”。
- 冬残奥会吉祥物为“雪容融”。

冰墩墩以熊猫为原型进行设计创作。将熊猫形象与富有超能量的冰晶外壳相结合，体现了冬季冰雪运动和现代科技特点。吉祥物取名为冰墩墩，名字中的冰，象征纯洁、坚强，是冬奥会的特点。墩墩，意喻敦厚、健康、活泼、可爱，契合熊猫的整体形象，象征着冬奥会运动员强壮的身体、坚韧的意志和鼓舞人心的奥林匹克精神。

雪容融的整体造型渲染了 2022 年中国春节的节日气氛，吉祥物灯笼外形的发光属性寓意点亮梦想、温暖世界，代表着友爱、勇气和坚强，体现了冬残奥运动员的拼搏精神和激励世界的冬残奥会理念。

2021 年 9 月 17 日，北京冬奥会、冬残奥会发布主题口号——“一起向未来”。10 月 18 日，北京冬奥会火种在希腊成功点燃。10 月 20 日，北京冬奥会火种抵达北京。

2022 年 2 月 2 日，北京冬奥会火炬接力启动仪式将举行。2 月 6 日，国际奥委会主席托马斯·巴赫在北京的新闻发布会上表示，北京冬奥会创造了历史，以前所未有的数字化水平，让更多人感受奥运文化与精彩。这为奥运留下了全新的技术标准。

北京冬季奥运会设 7 个大项，15 个分项，109 个小项。计划使用 25 个场馆，场馆分布在 3 个赛区，分别是北京赛区、延庆赛区和张家口赛区。

1. 北京市

北京赛区承办所有的冰上项目；

北京是中华人民共和国的首都，是全国政治中心、文化中心、国际交往中心、科技创新中心。2008 年，北京成功举办了第 29 届夏季奥林匹克运动会。

2. 延庆区

延庆赛区承办雪车、雪橇及高山滑雪项目；

延庆区位于北京市西北部，距市区 74 公里，总面积 1993.75 平方公里，常住人口 31.6 万，是首都生态涵养发展区，气候冬冷夏凉，素有北京夏都之美誉，正在依托丰富的冰雪资源，全力打造“冰雪之城”。

3. 张家口市

[1] 每四年一届

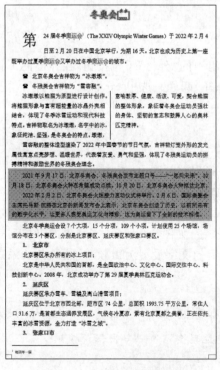

图 2-10 实验 2-1 排版效果

【操作步骤】

将鼠标指针定位到第 1 个自然段首个“奥运会”后，单击“引用”选项卡→“脚注”选项组右下角的对话框启动器按钮 ↘，弹出“脚注和尾注”对话框，选择“编号格式”为“①，②，③，…”，单击“插入”按钮。在页面底端脚注位置输入文字“每四年一届”，设置字体为宋体六号字。

保存文档，图 2-10 为完成实验 2-1 后文档的排版效果。

3. 实验作业

以下操作在素材“科学家.docx”中进行。

(1) 将文档页面设置为 A4 纸，页边距为上、下 2.5 厘米，左、右 3 厘米，每行 38 个字。

(2) 给文章加标题“获得诺贝尔奖的中国科学家”，设置其格式为隶书、二号、红色、居中对齐，字符间距缩放 120%，段后间距为 1 行。

(3) 设置所有正文 1.5 倍行距，正文第 2 段首字下沉 2 行，首字字体为黑体、蓝色、小初，其余段落首行缩进 2 字符。

（4）将正文中的"1971年首先……1979年获国家发明奖二等奖"字体颜色更换为红色，加着重号。将正文最后一段分为等宽两栏，有分隔线。

（5）在页面底端为正文第2段首个"青蒿素"插入脚注，编号格式为"i,ii,iii,…"，注释内容为"别名：黄花素、黄蒿素"。

（6）为倒数第2段加阴影边框，边框颜色为蓝色，1.5磅，底纹样式为15%。

（7）将文档保存为"获得诺贝尔奖的中国科学家.docx"。

实验 2-2　图文混排

1．实验目的

（1）掌握图片、艺术字、自选图形的插入及其设置方法。

（2）掌握页面背景的设置方法。

（3）掌握公式插入的方法。

2．实验示例

以下任务在实验 2-1 结果文件"北京冬奥会.docx"的基础上进行，图文混排后的效果如图 2-11 所示。

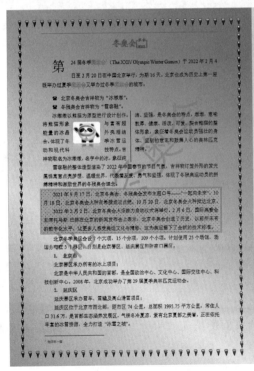

图 2-11　实验 2-2 图文混排效果

【任务 1】　在文档中插入图片。

【要求】　在文档第 4 个自然段插入素材文件夹下的图片"冰墩墩"，文字环绕方式为"紧密型"，设置图片的高度和宽度分别为 1.8 厘米和 2.3 厘米，图片样式为"映像圆角矩形"。

【操作步骤】

(1) 将鼠标指针定位在第 4 个自然段的适当位置。

(2) 单击"插入"选项卡→"插图"选项组中的"图片"按钮,弹出"插入图片"对话框,选择"冰墩墩"图片所在位置,单击"插入"按钮。

(3) 选中图片,右击,在弹出的快捷菜单中选择"大小和位置"命令,弹出"布局"对话框。

(4) 选择"大小"选项卡,取消选中"锁定纵横比"复选框,设置图片高度和宽度分别为 1.8 厘米和 2.3 厘米,如图 2-12 所示。

(5) 选择"文字环绕"选项卡,设置环绕方式为"紧密型",调整图片位置,单击"确定"按钮,如图 2-13 所示。

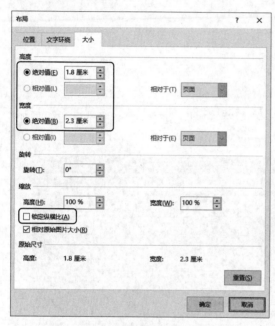

图 2-12 "大小"选项卡

图 2-13 "文字环绕"选项卡

(6) 选择"图片工具|格式"选项卡→"图片样式"选项组,在样式框中选择图片样式为"映像圆角矩形"。

【任务 2】 设置带"文字水印"的页面背景。

【要求】

(1) 设置文字水印"北京冬奥会",字体颜色为"红色""半透明",版式为"斜式"。

(2) 为页面添加任意艺术型页面边框,设置页面的填充效果为"雨后初晴",底纹样式为"斜下"。

【操作步骤】

1) 添加水印

(1) 将鼠标指针定位在文档任意位置。

(2) 单击"设计"选项卡→"页面背景"选项组中的"水印"下拉按钮,在弹出的下拉列表中选择"自定义水印"命令,弹出"水印"对话框。

(3) 选中"文字水印"单选按钮,在"文字"文本框中输入水印内容"北京冬奥会",设置字体颜色为"红色""半透明",版式为"斜式",单击"确定"按钮,如图 2-14 所示。

2）添加页面边框和底纹

（1）将鼠标指针定位在文档任意位置。

（2）单击"设计"选项卡→"页面背景"选项组中的"页面边框"按钮,弹出"边框和底纹"对话框。

（3）在"页面边框"选项卡的"艺术型"下拉列表中选择任意一种艺术型边框,单击"确定"按钮。

（4）单击"设计"选项卡→"页面背景"选项组中的"页面颜色"下拉按钮,在弹出的下拉列表中选择"填充效果"命令,弹出"填充效果"对话框。

（5）选中"渐变"选项卡→"颜色"选项组中的"预设"单选按钮,在"预设颜色"下拉列表中选择"雨后初晴";选中"底纹样式"选项组中的"斜下"单选按钮,在"变形"框中可以预览填充效果,如图 2-15 所示。

图 2-14　设置水印

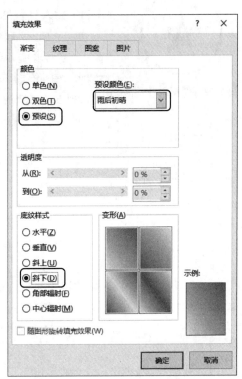

图 2-15　设置页面填充效果

（6）单击"确定"按钮。

【任务 3】　插入公式。

【要求】　在当前文档的末尾使用公式编辑器编辑如下公式：

$$P = \tan(x_i^2) \pm \sqrt[3]{\frac{x_i}{2}} \times \int_1^5 x_i \, \mathrm{d}x$$

【操作步骤】

（1）将鼠标指针定位于文档末尾处。

(2) 单击"插入"选项卡→"符号"选项组中的"公式"下拉按钮,在弹出的下拉列表中选项"插入新公式"命令;单击"公式工具设计"选项卡→"符号"选项组和"结构"选项组中的相关按钮(图 2-16),逐一输入公式内容。

图 2-16　公式工具的"设计"选项卡

☞提示:可先选中公式,然后增大公式字体大小(如三号字),以便看清公式。此外,还可以用墨迹公式自由书写。

【任务 4】　插入自选图形、艺术字并进行图形组合。

【要求】　制作公章,如图 2-17 所示,将其置于文档结尾处。

图 2-17　图形组合示例

【操作步骤】

1) 插入红色圆环

单击"插入"选项卡→"插图"选项组中的"形状"下拉按钮,在弹出的下拉列表的"基本形状"组中选择"椭圆";按住 Shift 键,插入一个圆形。在"绘图工具|格式"选项卡→"形状样式"选项组中将圆的"形状填充"设置为"无填充颜色","形状轮廓"设置为 3 磅的"深红色"。

2) 插入弯曲的艺术字

(1) 单击"插入"选项卡→"文本"选项组中的"艺术字"下拉按钮,在弹出的下拉列表中选择第 2 行第 5 列的样式,输入文字"第 24 届冬奥会",设置字体颜色为"红色"。

(2) 选中艺术字,单击"绘图工具|格式"选项卡→"艺术字样式"选项组中的"文本效果"下拉按钮,在弹出的下拉列表中选择"转换"→"跟随路径"→"上弯弧"样式。

(3) 调整艺术字边框的大小和位置,将其放入圆环上方。

3) 插入五角星

单击"插入"选项中→"插图"选项组中的"形状"下拉按钮,在弹出的下拉列表中选择"星与旗帜"→"五角星",在艺术字的下方绘制一个五角星,将其"形状填充"和"形状轮廓"均设置为"红色"。

4) 组合图形

调整好圆环、艺术字、五角星的相对位置,按住 Ctrl 键逐一将其选中,右击,在弹出的快捷菜单中选择"组合"命令,将三者组合成一个图形(公章)。

☞提示:也可以先把五角星和圆环组合,然后和艺术字组合。

5) 将制作好的公章放在文档的右下角

3. 实验作业

以下操作在素材"海报.docx"中进行。

利用 Word 2016 制作一份宣传海报,具体要求如下。

(1) 调整文档的版面,要求页面高度为 36 厘米,页面宽度为 25 厘米,上下页边距均为 5 厘米,左右页边距均为 4 厘米。

(2) 将素材"背景图片.jpg"设置为海报背景。

（3）设置标题为"隶书""小二"号,正文内容设置为"宋体""小四"。

（4）根据页面布局需要,将海报内容中"演讲题目""演讲人""演讲时间""演讲日期""演讲地点"信息的段前段后间距均设置为"0行",行距设置为"单倍行距"。

（5）在"演讲人:"位置后面输入"陆达";在"主办:行政部"位置后面另起一页,并设置第2页的页面纸张大小为A4,纸张方向设置为"横向",此页页边距为"普通"页边距。

（6）在第2页的"报名流程"下面,利用SmartArt制作如素材样张所示的本次活动报名流程(行政部报名、确认座席、领取资料、领取门票)。

（7）在第2页的"日程安排"段落下面复制本次活动的日程安排表,要求表格内容引用Excel文件中的内容。如果Excel文件中的内容发生变化,则Word文档中的日程安排信息随之发生变化(所需Excel表在素材文件夹下)。

（8）更换演讲人照片为素材文件夹下的"luda.jpg"照片,将图片设置为"四周型"环绕,将其放到适当位置。

（9）保存文档。

实验 2-3　表格处理

1. 实验目的

（1）掌握创建表格的方法。
（2）掌握表格和文本的转换。
（3）掌握表格的布局和排版。
（4）掌握表格数据的计算和排序。

2. 实验示例

新建"表格.docx"文档,将素材文件夹下的"奖牌榜.txt"文本插入文档中,并将插入的文字转换为表格,计算、排序、格式化表格,如图2-18所示。

序号	国家/地区	金牌	银牌	铜牌	奖牌数
1	挪威	16	8	13	37
2	德国	12	10	5	27
3	中国	9	4	2	15
4	美国	8	10	7	25
5	瑞典	8	5	5	18

图 2-18　奖牌榜

【任务1】　表格的基本操作。

【要求】

（1）新建"表格.docx"文档,将素材文件夹下"奖牌榜.txt"中的文本插入文档中,并将插入的文字转换为6行4列的表格。

（2）在表格第一列前面增加一列"序号",在最后一列右侧新增"奖牌数"列。

（3）设置表格居中,表格文字垂直水平居中对齐;设置表格列宽为2.1厘米,行高为0.8厘米;设置表格外框线和第一行与第二行间的内框线为0.75磅红色双实线,其余内框线为

1磅绿色虚线。

（4）设置表格第一行和第一列的底纹分别为"绿色，个性色6，淡色40％"和"白色，背景1，深色35％"，表格美化后的效果如果2-18所示。

【操作步骤】

1）插入文档

（1）新建文档"表格.docx"。

（2）将鼠标指针定位到放入表格的位置，单击"插入"选项卡→"文本"选项组中的"对象"下拉按钮，在弹出的下拉列表中选择"文件中的文字"命令，弹出"插入文件"对话框，选择"奖牌榜.txt"文件，单击"插入"按钮。

☞提示：也可以利用"复制｜粘贴"功能，将"奖牌榜.txt"的文档内容复制到"北京冬奥会.docx"中。

2）文字转换为表格

选中新插入的文本，单击"插入"选项卡→"表格"选项组中的"表格"下拉按钮▦，在弹出的下拉列表中选择"文本转换成表格"命令，插入一个6行4列的表格。

3）表格中插入行和列

将鼠标指针定位在"铜牌"列任意位置，右击，在弹出的快捷菜单中选择"插入"→"在右侧插入列"命令，插入"奖牌数"列。同理，在"国家/地区"列左侧插入"序号"列。

表格属性

4）设置表格属性

（1）设置表格行高、列宽。单击表格左上角的表格选中按钮⊞，选中整个表格，右击，在弹出的快捷菜单中选择"表格属性"命令，弹出"表格属性"对话框，分别在"行""列"选项卡中设置表格的行高为0.8厘米，列宽为2.1厘米。

（2）设置表格居中。在"表格"选项卡→"对齐方式"选项组中选择"居中"。

（3）设置单元格文字水平和垂直都"居中"。选中表格，单击"表格工具｜布局"选项卡→"对齐方式"选项组中的"水平居中"按钮▦。

美化表格

5）美化表格

（1）设置表格边框。

① 设置表格内外边框线。选中表格，单击"表格工具｜设计"选项卡→"边框"选项组中的"边框"下拉按钮，在弹出的下拉列表中选择"边框和底纹"命令，弹出"边框和底纹"对话框，如图2-19所示。单击"设置"栏中的"自定义"按钮，在"样式"列表框中选择双线型，设置"颜色"为"红色"，宽度为"0.75磅"，在"预览"选项组中单击上、下、左、右边框按钮，设置外边框；选择虚线，颜色设置为"绿色"，磅值为1磅，单击水平和垂直内框线按钮，设置内框线，单击"确定"按钮。

☞提示：也可以单击"开始"选项卡→"段落"选项组中的"边框"下拉按钮，在弹出的下拉列表中选择"边框和底纹"命令，弹出"边框和底纹"对话框。

② 设置第一行与第二行的内框线。选中表格标题行，弹出"边框和底纹"对话框，设置边框线为0.75磅红色双实线，单击下边框按钮。

（2）设置第一行和第一列的底纹。选中表格标题行，选择"边框和底纹"对话框中的"底纹"选项卡，在"底纹｜填充｜主题颜色"中设置底纹的填充色为"绿色，个性色6，淡色40％"，单击"确定"按钮。同理，设置"序号"列的底纹颜色为"白色，背景1，深色35％"。

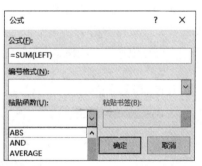

图 2-19 "边框和底纹"对话框

【任务 2】 表格的计算和排序。

【要求】

（1）用公式计算出每个国家的奖牌数。

（2）按每个国家的"金牌"数降序排序（当金牌数相同时，按银牌数降序排序）。

【操作步骤】

1）表格的计算

（1）将鼠标指针定位在第 2 行的"奖牌数"列。

（2）单击"表格工具 | 布局"选项卡→"数据"选项组中的"公式"按钮 *fx*公式，弹出"公式"对话框，在"公式"文本框中输入"＝SUM(LEFT)"，单击"确定"按钮，如图 2-20 所示。

（3）同理，可以计算出其他国家的奖牌数。

☞提示：按 F4 键（复制最近一次操作）可以快速计算其他国家的奖牌数。其具体方法如下。

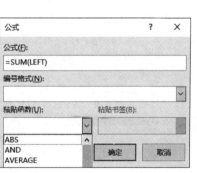

图 2-20 "公式"对话框

在其他行的"奖牌数"列分别按 F4 键，可以复制第 2 行的奖牌数公式；如果表格的原始数据发生了变化，则分别选中各行"奖牌数"列的数据，右击，在弹出的快捷菜单中选择"更新域"命令，可更方便、快捷地完成数据更新。

2）表格的排序

（1）选中表格除标题行外的其他行。

（2）单击"表格工具 | 布局"选项卡→"数据"选项组中的"排序"按钮，在弹出的"排序"对话框中设置"主要关键字"为"列 3"（金牌），"次要关键字"为"列 4"（银牌），类型均为"数字""降序"。

文字处理

（3）为"序号"列填入序号。

保存表格，排序后的表格结果如图 2-18 所示。

3. 实验作业

制作"成绩单模板.docx"，如图 2-21 所示。

图 2-21　成绩单模板

【要求】

（1）新建空白文档，将文档保存为"成绩单模板.docx"。

（2）设置纸张方向为横向，纸张大小为 B5，页边距均为 3 厘米，页眉页脚距边界均为 1 厘米。

（3）设置页面边框为图 2-21 所示的艺术型边框。

（4）设置页面背景为素材图片"logo.jpg"，并为文档设置"图片水印"（此处用于防伪），水印图片为素材中的"水印.jpg"（防伪），并将其设置为"冲蚀"效果。

（5）设置标题为楷体 2 号字，加粗，居中，标题与正文段后间距为 0.5 行。

图 2-22　日期格式

（6）设置正文为微软雅黑 3 号字，左对齐，第 2 个自然段设置为首行缩进 2 个字符。

（7）设置落款"计算机学院"为华文行楷小三号字，右对齐。

（8）绘制 2 行 5 列的表格，利用公式计算总分；设置表格文字为宋体小 3 号字，居中；表头单元格的底纹为蓝色，强调文字颜色 1，淡色 60%；表格外边框线为 0.5 磅的双线，内部为 0.5 磅的实线。

（9）为文档插入图 2-21 所示的单位公章。

（10）将文档末尾处的日期调整为可以根据成绩单生成日期而自动更新的格式，日期格式如图 2-22 所示。

☞提示：
- 设置页面背景。单击"表格工具|设计"选项卡→"页面背景"选项组中的"页面颜色"下拉按钮，在弹出的下拉列表中选择"填充效果"命令，在弹出的"填充效果"对话框中选择"图片"。
- 自动更新日期。
  - ➤ 删除原日期。
  - ➤ 单击"插入"选项卡→"文本"选项组中的"日期和时间"按钮，在弹出的"日期和时间"对话框（图 2-22）中选择与原日期格式相同的日期格式。
  - ➤ 选中"自动更新"复选框。

实验 2-4　长文档编辑

1. 实验目的
（1）了解样式的使用方法。
（2）掌握自动生成目录的方法。
（3）掌握设置不同页眉、页脚的方法。

2. 实验示例
以下任务在素材"数据库基础.docx"文档中完成。

【任务 1】　复制其他文档的样式。

【要求】

将素材文件夹下"样式.docx"文件中的样式"新标题 1-3 和新正文"复制到当前文档。

【操作步骤】

（1）打开素材"数据库基础.docx"，单击"开始"选项卡→"样式"选项组右下角的对话框启动器按钮，打开"样式"任务窗格，如图 2-23 所示。

（2）单击"样式"任务窗格底部的【管理样式】按钮，弹出"管理样式"对话框，单击左下角的"导入/导出按钮"，弹出"管理器"对话框。

（3）在"管理器"对话框中单击"关闭文件"按钮，则该按钮变成"打开文件"，再单击该按钮，在弹出的对话框中选择素材文件夹的"样式.docx"文件，单击"打开"按钮。

图 2-23　"样式"任务窗格

（4）按住 Ctrl 键，在右侧列表框中依次选中"新标题 1""新标题 2""新标题 3""新正文"样式，单击中间的 ← 复制(C) 按钮，在弹出的提示框中单击"全是"按钮，将这些样式复制到左侧，即"数据库基础.docx"文档中，如图 2-24 所示。

（5）单击"关闭"按钮。

【任务 2】　应用样式。

【要求】　将文档的各章标题、节标题、小节标题、正文分别设

44

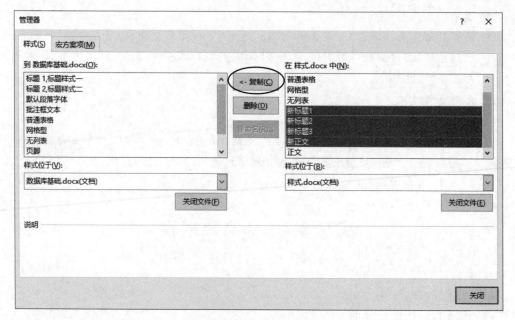

图 2-24　复制样式

置为新标题1、新标题2、新标题3、新正文的样式,具体设置如表2-1所示。

表 2-1　样式设置清单

文　　本	样　式　名
一级标题(章标题)	新标题1
二级标题(节标题,黑体字)	新标题2
三级标题(小节标题,斜体字)	新标题3
正文	新正文

【操作步骤】

(1) 设置一级标题样式。

① 设置第1章标题的样式。选中第1章的标题文字,单击"开始"选项卡→"样式"选项组中的"新标题1"按钮,将第1章标题设置为新标题1的样式。

② 设置其他章标题样式。选中第1章标题,双击"开始"选项卡→"剪贴板"选项组中的"格式刷"按钮 ,则鼠标指针变为图标 ,依次选中各章的标题文字,则格式刷所到之处都设置成了新标题1的样式。

③ 单击"开始"选项卡→"剪贴板"选项组中的"格式刷"按钮 ,取消格式刷操作。

(2) 设置二级标题样式。

① 将鼠标指针定位在需要设置为二级标题的文本(节标题,黑体字)处。

② 快速选中相同格式的文本。单击"开始"选项卡→"编辑"选项组中的"选择"下拉按钮,在弹出的下拉列表中选择"选定所有格式类似的文本(无数据)"命令,则所有黑体文字被选中。

③ 单击"开始"选项卡→"样式"选项组中的"新标题2"按钮,则所有黑体字被设置成新标题2的样式。

☞提示:此操作仅适用于文档中格式相似(如字体相同、项目符号相同或颜色相同等)

的文本。

（3）设置三级标题和正文的样式，与一级标题和二级标题的设置方法相同，此处不再赘述。

设置标题样式后，可通过选中"视图"选项卡→"显示"选项组中的"导航窗格"复选框查看文档的结构。

【任务3】 文档分节。

【要求】 将文档的每一章设置成不同的节。

文档分节

【操作步骤】

（1）将鼠标指针定位在每章的起始位置。

（2）单击"页面布局"选项卡→"页面设置"选项组中的"分隔符"下拉按钮，在弹出的下拉列表中选择"分节符"栏中的"下一页"命令。

☞提示：可以单击"开始"选项卡→"段落"选项组中的"显示/隐藏编辑标记"按钮 ✐，检查分节位置是否正确。

【任务4】 自动生成目录。

【要求】 在文档正文前插入目录，目录单独占用一页。

自动生成目录

【操作步骤】

（1）将鼠标指针定位在文档首页（封皮页）的结尾处，插入一页空白页，用于存放目录，输入"目 录"，设置文字居中对齐，字体为"宋体、二号字"。

（2）单击"引用"选项卡→"目录"选项组中的"目录"下拉按钮，在弹出的下拉列表中选择"自定义目录"命令，弹出"目录"对话框（图2-25），可以根据需要设置格式、显示级别等。

（3）单击"确定"按钮，自动生成的目录如图2-26所示。

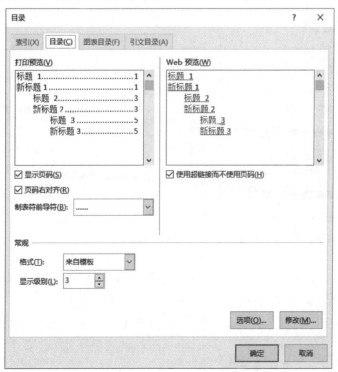

图2-25 "目录"对话框

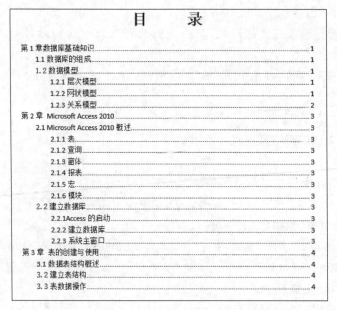

图 2-26　自动生成的目录

【任务 5】　为文档各节设置不同的页眉、页脚。

【要求】

(1) 设置奇数页的页眉内容为每章标题的内容,偶数页的页眉内容为"数据库技术与应用"。

(2) 正文的页码从 1 开始,其中奇数页的页码显示在文档左侧,偶数页的页码显示在文档右侧。

(3) 更新目录页码。

【操作步骤】

插入页眉

1) 插入页眉

(1) 单击"插入"选项卡→"页眉和页脚"选项组中的"页眉"下拉按钮,在弹出的下拉列表中选择"编辑页眉"命令,进入页眉编辑状态;选中"页眉和页脚工具|设计"选项卡→"选项"选项组中的"首页不同""奇偶页不同"复选框。

(2) 将鼠标指针定位在正文第 1 页的页眉中,单击"插入"选项卡→"文本"选项组中的"文档部件"下拉按钮,在弹出的下拉列表中选择"域"命令,弹出"域"对话框,如图 2-27 所示。

(3) 在"域名"列表中选择"StyleRef"选项,在"样式名"列表中选择"新标题 1"。

(4) 单击"确定"按钮,则文档各章奇数页眉分别为各章标题。

(5) 将光标切换到偶数页页眉,输入"数据库技术与应用"。

☞提示:

- 使用"域"的方法应用在页眉内容均已设置为相同的样式;如果某章的标题名发生变化,则相应的页眉也会随之改变。

- 清除页眉下方边框线:双击页眉区域,进入页眉编辑状态。单击"开始"选项卡→"样式"选项组中的"其他"下拉按钮|▼|,从弹出的下拉列表中选择"清除格式"命令,即可清除页眉下方的边框线。

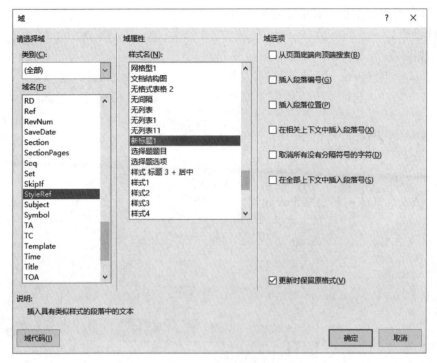

图 2-27 "域"对话框

2) 插入页脚

（1）将光标定位到第 1 章首页页脚，单击"插入"选项卡→"页眉和页脚"选项组中的"页码"下拉按钮，在弹出的下拉列表中选择"设置页码格式"命令，弹出"页码格式"对话框，将起始页码设置为"1"，如图 2-28 所示。

插入页脚

（2）单击"页眉和页脚工具|设计"选项卡→"页眉和页脚"选项组中的"页码"下拉按钮，从弹出的下拉列表中选择"页面底端"→"普通数字 1"命令，设置奇数页页码左对齐。

（3）单击"页眉和页脚工具|设计"选项卡→"导航"选项组中的"下一节"按钮，进入偶数页的贝脚编辑状态。

（4）单击"插入"选项卡→"页眉和页脚"选项组中的"页码"下拉按钮，从弹出的下拉列表中选择"页面底端"→"普通数字 3"命令，设置偶数页页码右对齐。

图 2-28 "页码格式"对话框

（5）单击"页眉和页脚工具|设计"选项卡→"关闭"选项组中的"关闭页眉和页脚"按钮。

3) 更新目录页码

将鼠标指针定位到生成的目录处，右击，在弹出的快捷菜单中选择"更新域"命令，弹出"更新目录"对话框，选中"只更新页码"单选按钮，单击"确定"按钮。

【任务 6】 添加题注和设置交叉引用。

【要求】

（1）为文档中的图片和表格添加题注。

第 2 章

文字处理

（2）为文档中的图片和表格设置交叉引用。

【操作步骤】

1）添加题注

（1）将鼠标指针定位到第1张图"数据库系统的组成"前面。

（2）单击"引用"选项卡→"题注"选项组中的"插入题注"按钮，弹出"题注"对话框，如图2-29所示。

（3）单击"新建标签"按钮，在弹出的"新建标签"对话框"标签"文本框中输入"图1-"，单击"确定"按钮。

（4）在"题注"对话框中单击"确定"按钮。

同理，依次为其他图和表格设置题注。图片插入题注后的效果如图2-30所示。

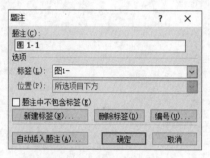

图 2-29 "题注"对话框

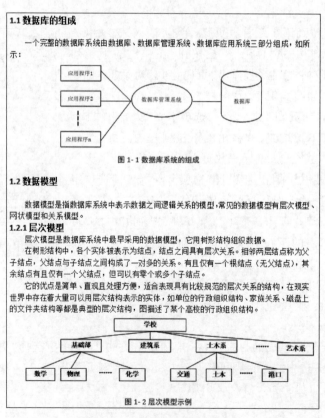

图 2-30 图片插入题注后的效果

2）设置交叉引用

（1）将鼠标指针定位在需要引用图片的文字前（如图1-1上面一行"所示："的前面）。

（2）单击"引用"选项卡→"题注"选项组中的"交叉引用"按钮，弹出"交叉引用"对话框。

（3）在"引用类型"下拉列表中选择"图1-"，在"引用内容"下拉列表中选择"只有标签和编号"，在"引用哪一个题注"列表框中选择需要引用的题注名称，如图2-31所示。

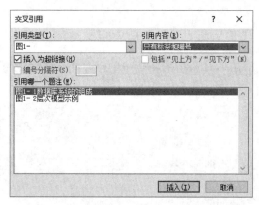

图2-31 "交叉引用"对话框

（4）单击"插入"按钮，则将题注的编号和标签插入到了鼠标指针所在位置。

同理，依次为其他图片和表格添加交叉引用。

☞提示：如果选中了插入交叉引用的文字，则该文字用灰色底纹显示，如图2-32所示。添加交叉引用的优势是当某些题注的编号发生变化时，按 Ctrl＋A 组合键后再按 F9 键，能更新所有交叉引用的题注编号。

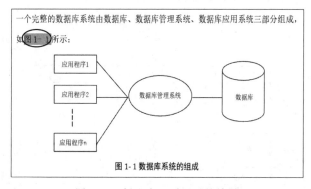

图2-32 插入交叉引用后的效果

3. 实验作业

以下操作在素材文件"毕业设计说明书.docx"中进行，请按格式要求对文档进行排版，具体要求请扫描二维码"论文格式要求"。

实验 2-5　邮件合并

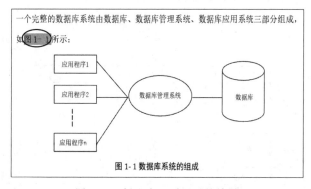

1. 实验目的

（1）掌握邮件合并的方法。

（2）了解邮件合并中插入照片的方法。

2. 实验示例

【任务 1】 制作准考证。

【要求】 利用"向导"将主文档和数据源进行邮件合并。

【操作步骤】

1）打开素材

打开素材中的主文档"准考证.docx"，如图 2-33 所示。

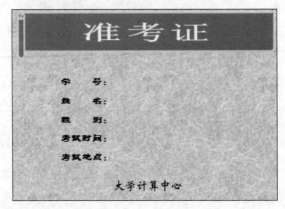

图 2-33 "准考证"主文档界面

2）准备数据源

数据源可以是 Excel、Access 数据库等文件，此例选择素材文件夹的"学生信息表.xlsx"，具体数据如表 2-2 所示（其中照片文件夹应与数据源存放在同一路径下）。

表 2-2 学生信息表

学 号	姓 名	性 别	考 试 时 间	考 试 地 点	照 片
23220102	郭永庆	男	9-28 8：15-9：45	中心机房 1	m1.jpg
23220103	吕元昭	女	9-28 8：15-9：45	中心机房 2	w1.jpg
23220207	程朝青	男	9-28 10：10-11：40	中心机房 3	m2.jpg
23220208	蒋紫春	男	9-28 10：10-11：40	中心机房 4	m3.jpg
23720101	刘宇	男	9-28 14：00-15：30	中心机房 1	m4.jpg
23720102	蔡季雨	女	9-28 14：00-15：30	中心机房 2	w2.jpg
23720223	余文健	男	9-28 14：00-15：30	中心机房 1	m5.jpg
23720210	李凡	女	9-28 14：00-15：30	中心机房 2	w3.jpg
23750101	高志军	男	9-29 8：15-9：45	中心机房 3	m6.jpg
23750207	张玉芳	女	9-29 10：10-11：40	中心机房 2	w4.jpg
23750217	王珅	男	9-29 10：10-11：40	中心机房 4	m7.jpg

邮件合并

3）开始邮件合并

（1）选择数据源。

① 单击"邮件"选项卡→"开始邮件合并"选项组中的"开始邮件合并"下拉按钮，在弹出的下拉列表中选择"邮件合并分步向导"命令，打开"邮件合并"任务窗格，选中"信函"单选按钮，单击"下一步：开始文档"按钮，如图 2-34 所示。

② 在打开的"选择开始文档"向导页中选中"使用当前文档"单选按钮，单击"下一步：选取收件人"按钮。

③ 打开"选择收件人"向导页，选中"使用现有列表"单选按钮，单击"浏览"按钮。

④ 在"选取数据源"对话框中选择数据源(学生信息表所在位置)，单击"打开"按钮。

⑤ 在"选择表格"对话框中选择"sheet1$"，单击"确定"按钮。

⑥ 在"邮件合并收件人"对话框(图2-35)中可以根据需要取消、选中联系人。如果需要合并所有收件人，则直接单击"确定"按钮。

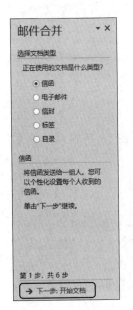

图 2-34 "邮件合并"任务窗格

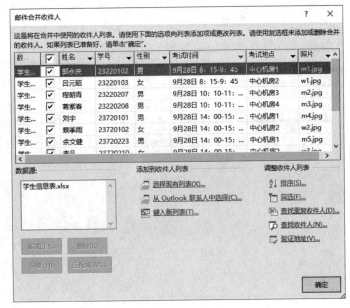

图 2-35 "邮件合并收件人"对话框

⑦ 返回"选择收件人"向导页，单击"下一步：撰写信函"按钮。

(2) 插入合并域，预览合并结果。

将鼠标指针置于主文档的"学号"文字后，在"邮件合并"任务窗格中单击"其他项目"按钮，在弹出的"插入合并域"对话框中选择"学号"，单击"插入"按钮，则在"学号"后插入了一个域"《学号》"，单击对话框中的"关闭"按钮。

重复上述操作，将"姓名""性别"等域分别插入主文档中的相应位置，插入各合并域后的效果如图2-36所示。此时，通过单击"邮件"选项卡→"预览结果"选项组中的"预览结果"按钮可以查看合并后的数据。

图 2-36 插入各合并域后的效果

文字处理

52

【任务 2】 在准考证中添加照片。

【要求】 在任务 1 的结果文档中插入照片。

【操作步骤】

(1) 在准考证主文档中绘制一个文本框,用于放照片。

(2) 将鼠标指针定位在需要放照片的文本框中,单击"插入"选项卡→"文本"选项组中的"文档部件"下拉按钮,在弹出的下拉列表中选择"域"命令,弹出"域"对话框(图 2-37)。

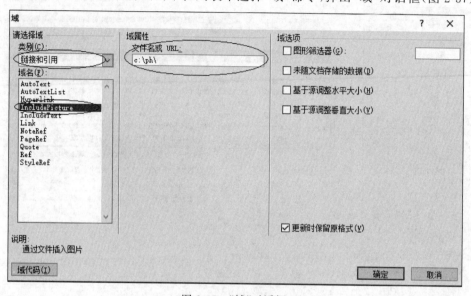

图 2-37 "域"对话框

(3) 在"类别"下拉列表中选择"链接和引用",在"域名"列表框中选择"IncludePicture"。在"文件名或 URL"文本框中输入照片所在文件夹(如"c:\ph\"),单击"确定"按钮,出现图 2-38 所示界面。

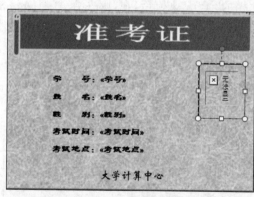

图 2-38 插入"照片"域后的界面

(4) 将鼠标指针置于照片文本框中的任意位置,按 Alt+F9 组合键进入编辑状态,出现图 2-39 所示编辑界面,将鼠标指针定位在"c:\\ph\\"的后双引号前,单击"邮件"选项卡→"编写和插入域"选项组中的"插入合并域"下拉按钮,在弹出的下拉列表中选择"照片",则插入了"照片"域。

(5) 将鼠标指针定位在"照片"域中,按 Alt+F9 组合键进入编辑状态,文本框中还是显

图 2-39　"照片"域编辑界面

示"无法显示链接的图像"。这时,再按 F9 键进行刷新,则文本框中会显示照片,调整照片,使其适应文本框的大小。

（6）完成邮件合并。单击"邮件"选项卡→"完成"选项组中的"完成并合并"下拉按钮,在弹出的下拉列表中选择"编辑单个文档"命令,弹出"合并到新文档"对话框,如图 2-40 所示。可以在"合并记录"选项组中选中合适的单选按钮,这里选中"全部"单选按钮,合并所有记录。单击"确定"按钮,邮件合并初始效果如图 2-41 所示。

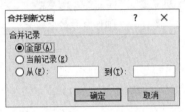

图 2-40　"合并到新文档"对话框

图 2-41　邮件合并初始效果

(7) 依次在每个照片框中按 F9 键,刷新照片,保存文档。图 2-42 所示为邮件合并最后效果。

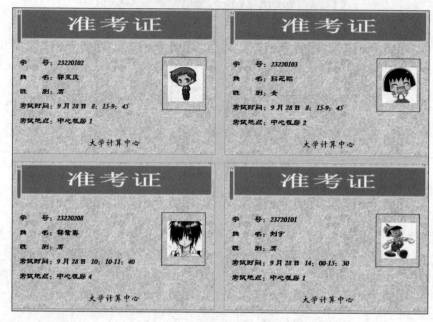

图 2-42　邮件合并最后效果

(8) 保存文档。

3. 实验作业

以下操作在素材"邀请函.docx"中进行,请按以下要求制作会议邀请函。

(1) 将文档中"会议议程:"段落后的 7 行文字转换为 3 列 7 行的表格,并根据窗口大小自动调整表格列宽。

(2) 为制作完成的表格套用"中等深浅底纹 1-强调文字颜色 6"样式。

(3) 为了可以在以后的邀请函制作中再利用会议议程内容,将文档中的表格内容保存至"表格"部件库,并将其命名为"会议议程"。

(4) 将文档中的几处日期均调整为自动更新的格式。

(5) 在"尊敬的"文字后面插入拟邀请的客户姓名和称谓。拟邀请的客户姓名在素材"通讯录.xlsx"文件中,客户称谓则根据客户性别自动显示为"先生"或"女士",如"范俊弟(先生)""黄雅玲(女士)"。

(6) 每个客户的邀请函占一页内容,且每页邀请函中只能包含一位客户姓名,所有的邀请函页面另存为"会议邀请函.docx"。如果需要,删除"会议邀请函.docx"文件中的空白页面。

(7) 邀请函文档制作完成后,以原名(邀请函.docx)保存。

☞提示:

(1) 将表格存为文档部件。

① 选中表格,单击"插入"选项卡→"文本"选项组中的"文档部件"下拉按钮,在弹出的下拉列表中选择"将所选内容保存到文档部件库"命令,弹出"新建构建基块"对话框,如图 2-43 所示。

图 2-43　"新建构建基块"对话框

　　②在"库"下拉列表中选择"表格",在"名称"文本框中输入表格部件的名称"会议议程"。

　　(2)根据性别自动显示"先生"或"女士"。单击"邮件"选项卡→"编写和插入域"选项组中的"规则"下拉按钮,在弹出的下拉列表中选择"如果…那么…否则",弹出"插入 Word 域:IF"对话框,进行图 2-44 所示设置:域名选择性别,其他根据图 2-44 填写好相应内容。

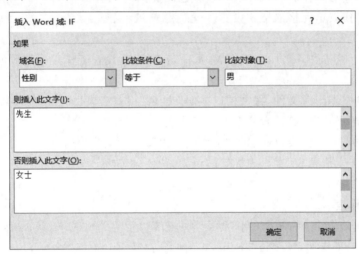

图 2-44　设置条件对话框

第 3 章　电子表格处理

实验 3-1　工作表的编辑与格式化

1. 实验目的

(1) 掌握工作簿的创建和保存方法。

(2) 掌握插入、删除和移动工作表的方法。

(3) 掌握重命名工作表和工作表标签颜色设置。

(4) 掌握工作表单元格的格式设置。

2. 实验示例

【任务 1】　创建工作簿,插入工作表,重命名工作表,设置工作表标签颜色。

【要求】

(1) 新建空白工作簿文件,将文档以"学号-姓名"格式命名,如 2023101010-张三.xlsx。

(2) 在工作簿的最左侧插入一个空白工作表。

(3) 将新插入的工作表重命名为"学生信息表"。

(4) 设置"学生信息表"工作表标签颜色为"紫色(标准色)"。

【操作步骤】

1) 新建工作表

在桌面空白处右击,在弹出的快捷菜单中选择"新建"→"Microsoft Excel 工作表"命令,即可创建空白工作簿,按题目要求输入文件名称,按 Enter 键确认。

2) 插入工作表

(1) 双击已创建的工作簿图标,打开工作簿。

(2) 右击工作表标签"Sheet1",在弹出的快捷菜单中选择"插入"命令,弹出"插入"对话框,在"常用"选项卡中选择"工作表",如图 3-1 所示,单击"确定"按钮。在工作表"Sheet1"的左侧出现插入的新工作表,工作表名称默认为"Sheet2"。

3) 重命名工作表

(1) 右击"Sheet2"工作表标签,在弹出的快捷菜单中选择"重命名"命令(图 3-2),或者双击"Sheet2"工作表标签,即可进入工作表标签编辑状态。

(2) 输入工作表名称"学生信息表",按 Enter 键,即可完成工作表的重命名。

4) 设置工作表标签颜色

右击"学生信息表"工作表标签,在弹出的快捷菜单中选择"工作表标签颜色"→"标准色"中的"紫色"命令,如图 3-3 所示。

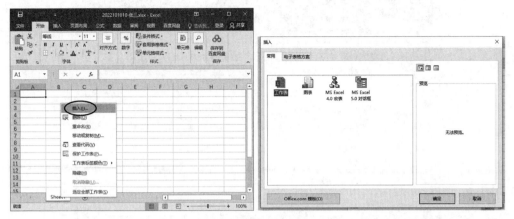

图 3-1 插入工作表

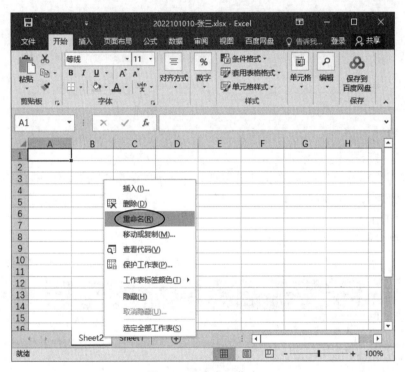

图 3-2 重命名工作表

☞**提示**：在设置工作表标签颜色过程中，如果"工作表标签颜色"级联菜单中没有合适的颜色，也可以通过"其他颜色"命令进行自定义设置。

【**任务 2**】 新建、删除和移动工作表。

【**要求**】

（1）在工作表"Sheet1"的右侧插入一个空白工作表，重命名为"个人信息表"。

（2）删除工作表"Sheet1"，并将"个人信息表"移动到"学生信息表"前。

（3）将"学生信息表"作为副本移动到一个新的工作簿中，并将工作簿以"工作表的基本操作.xlsx"名称保存在桌面。

电子表格处理

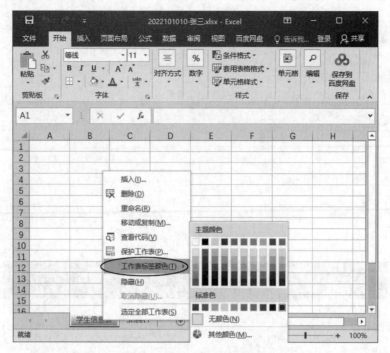

图 3-3　设置工作表标签颜色

【操作步骤】

1）插入工作表

选中工作表标签"Sheet1"，单击工作列表区右侧的"新工作表"按钮（图 3-4），在工作表"Sheet1"右侧插入一张新的工作表"Sheet3"，将工作表重命名为"个人信息表"。

2）删除工作表

（1）右击需要删除的工作表标签"Sheet1"，在弹出的快捷菜单中选择"删除"命令，如图 3-5 所示。

图 3-4　插入新工作表

（2）同一工作簿中移动和复制工作表。右击"个人信息表"工作表标签，在弹出的快捷菜单中选择"移动或复制"命令，弹出的"移动或复制工作表"对话框（图 3-6），选择"将选定

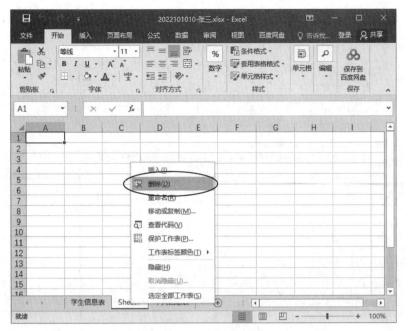

图 3-5　删除工作表

工作表移至工作簿"下拉列表中的当前工作簿"2022101010-张三.xlsx",选择"下列选定工作表之前"列表框中的"学生信息表",单击"确定"按钮,"个人信息表"工作表即可移动到"学生信息表"工作表之前。

☞提示:在移动工作表过程中,选中图 3-6 中的"建立副本"复选框,则可实现工作表副本的复制,原始工作表不变。

3)不同工作簿中移动和复制工作表

(1)右击"学生信息表"工作表标签,在弹出的快捷菜单中选择"移动或复制"命令,弹出"移动或复制工作表"对话框,选择"将选定工作表移至工作簿"下拉列表中的"(新工作簿)"选项,选中"建立副本"复选框,如图 3-7 所示,单击"确定"按钮。打开一个新的工作簿,默认名称为"工作簿 1.xlsx","学生信息表"已复制到该工作簿中。

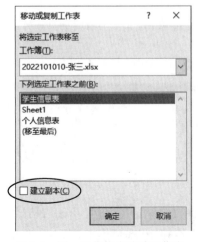

图 3-6　同一工作簿中移动工作表

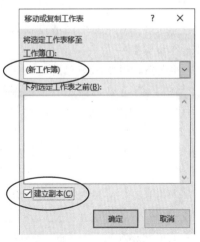

图 3-7　不同工作簿中复制工作表

(2) 选择"文件"→"另存为"→"浏览"。在弹出的"另存为"对话框中选择文件的保存位置,输入文件名,选择保存类型,单击"保存"按钮。

☞提示:在移动工作表过程中如取消选中"建立副本"复选框,单击"确定"按钮,则可将"学生信息表"移动到一个新的工作簿中,原始工作簿中该表消失。

以下任务需使用素材"实验3-1. xlsx",其中包括"各分公司销售统计表"和"图书销售情况统计表"两个工作表,如图3-8所示。

图 3-8　原始素材工作簿

【任务3】　设置单元格格式。

【要求】

(1) 在"各分公司销售统计表"工作表第一行前插入新行,在 A1 单元格中输入"某公司产品销售额统计表"。

(2) 合并 A1:E1 单元格区域,并将单元格填充背景色设置为"灰色-25%,背景2"。

(3) 将表中全部数据字体设置为黑体、14 号,对齐方式设置为水平居中和垂直居中;为表格添加粗实线外边框,双实线内边框;将表中全部数值内容设置为保留小数点后两位,添加人民币符号。

(4) 将 A1:E6 单元格区域设置为"自动调整列宽"。

【操作步骤】

1) 插入新行并输入表格标题

在第一行任意单元格上右击,在弹出的快捷菜单中选择"插入"命令,弹出"插入"对话框,选中"整行"单选按钮(图3-9),单击"确定"按钮。在 A1 单元格中输入标题文字"某公司产品销售额统计表"。

☞提示:插入新行的另一种方法是在行号 1 上右击,在弹出的快捷菜单中选择"插入"命令。

2) 合并单元格并设置填充背景色

(1) 选中 A1:E1 单元格区域,右击,在弹出的快捷菜单中选择"设置单元格格式"命令,弹出"设置单元格格式"对话框,在"对齐"选项卡的"文本控制"选项组中选中"合并单元格"复选框,如图3-10所示。

（2）在"填充"选项卡的"背景色"中选择"灰色-25％,背景 2",如图 3-11 所示。

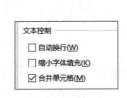

图 3-9 "插入"对话框　　图 3-10 "合并单元格"复选框　　图 3-11 设置填充色菜单

☞提示：在设置背景色时,当鼠标指针悬浮在"背景色"色块上时,并不显示该色块对应的颜色名称,只能通过"图案颜色"下拉列表中的色块来查看对应位置的色块颜色名称。

3）设置单元格格式

（1）选中 A1:E6 单元格区域,在"开始"选项卡→"字体"选项组将表中全部数据字体设置为黑体、14 号。

（2）选中 A2:E6 单元格区域,单击"开始"选项卡→"对齐方式"选项组右下角的对话框启动器按钮 ☐ ,弹出"设置单元格格式"对话框,在"对齐"选项卡中将对齐方式设置为水平居中和垂直居中；在"边框"选项卡中设置粗实线外边框,双实线内边框,单击"确定"按钮。

（3）选中 B3:E6 单元格区域,单击"开始"选项卡→"对齐方式"选项组右下角的对话框启动器按钮,弹出"设置单元格格式"对话框,选择"数字"选项卡,在"分类"列表框中选择"货币",设置小数位数为 2,在"货币符号（国家/地区）"下拉列表中选择货币符号"￥",如图 3-12 所示。

图 3-12 设置数值内容

4)设置"自动调整列宽"

选中 A1:E6 单元格区域,单击"开始"选项卡→"单元格"选项组中的"格式"下拉按钮,在弹出的下拉列表中选择"自动调整列宽"命令,如图 3-13 所示。

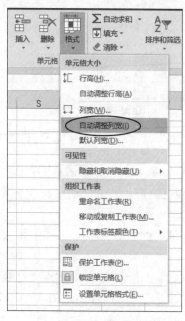

图 3-13　自动调整列宽

设置条件格式

【任务 4】　设置条件格式。

【要求】　将低于 100000 元销售额的单元格设置为"浅红色填充";将高于 400000 元销售额的单元格的字体颜色设置为"蓝色",填充背景色设置为"黄色"。

【操作步骤】

(1) 选中 B3:E6 单元格区域,单击"开始"选项卡→"样式"选项组中的"条件格式"下拉按钮,在弹出的下拉列表中选择"突出显示单元格规则"→"小于"命令,弹出"小于"对话框,设置数值低于 100000 元的单元格格式为"浅红色填充",如图 3-14 所示,单击"确定"按钮。

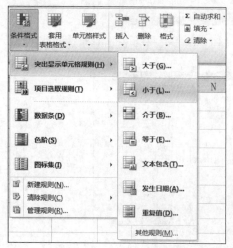

图 3-14　设置条件格式

（2）重复上述操作步骤，在"大于"对话框中将高于 400000 元的单元格设置"自定义格式"，在弹出的"设置单元格格式"对话框中设置字体颜色为"蓝色"，填充背景色为"黄色"。条件格式设置完成效果如图 3-15 所示。

某公司产品销售额统计表				
公司名称	第1季度	第2季度	第3季度	第4季度
东部分公司	¥200,800.00	¥300,000.00	¥251,500.00	¥340,000.00
西部分公司	¥100,500.00	¥368,000.00	¥216,000.00	¥254,000.00
北部分公司	¥448,900.00	¥566,200.00	¥309,500.00	¥452,000.00
南部分公司	¥42,570.00	¥87,500.00	¥159,000.00	¥235,000.00

图 3-15　"各分公司销售统计表"条件格式设置完成效果

【任务 5】　自定义主题单元格样式、自动填充及套用表格样式。

【要求】

（1）设置"图书销售情况统计表"中标题"12 月份计算机图书销售情况统计表"的单元格为"20％ - 着色 3"的主题单元格样式。

（2）"序号"列自动添加"1 2 3 4…"的连续编号。

（3）对"图书销售情况统计表"中数据内容套用表格格式"表样式浅色 9"。

【操作步骤】

（1）选中标题单元格，单击"开始"选项卡→"样式"选项组中的"单元格样式"下拉按钮，在弹出的下拉列表中设置主题单元格样式为"20％ - 着色 3"，如图 3-16 所示。

（2）选中 A3 单元格，输入数字"1"，鼠标指针移动到该单元格右下角，当光标图案变为填充柄"＋"时，按住鼠标左键和 Ctrl 键，向下拖动鼠标指针至 A15 单元格，即可完成序号的自动填充。

（3）选中 A2:E15 单元格区域，单击"开始"选项卡→"样式"选项组中的"套用表格格式"下拉按钮，在弹出的下拉列表中选择"浅色"组中的"表样式浅色 9"，设置完成后的效果如图 3-17 所示。

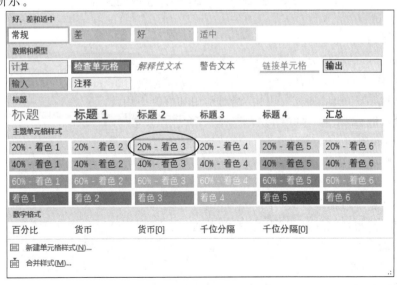

图 3-16　设置主题单元格样式

	A	B	C	D	E
1			12月份计算机图书销售情况统计表		
2	序号	图书编号	书名	单价	销量
3	1	JSJ0001	Windows 7教程	17	50
4	2	JSJ0002	Windows XP教程	18	60
5	3	JSJ0003	Word教程	19	55
6	4	JSJ0004	Excel教程	19	56
7	5	JSJ0005	PowerPoint教程	19	48
8	6	JSJ0006	办公与文秘教程	20	40
9	7	JSJ0007	Photoshop教程	22	66
10	8	JSJ0008	Premiere教程	19.5	45
11	9	JSJ0009	FIJSJsh教程	21	60
12	10	JSJ0010	Fireworks教程	17	50
13	11	JSJ0011	DreJSJmweJSJver教程	22	47
14	12	JSJ0012	VisuJSJI BJSJsic教程	22	50
15	13	JSJ0013	五笔字型教程	13	62
16					

图 3-17 "图书销售情况统计表"完成效果

3. 实验作业

本实验作业在素材"作业文档 3-1.xlsx"中完成。

(1) 在第一行前插入一个新行,在 A1 单元格中输入表标题名称"某公司员工调薪工资表"。

(2) 将 A1:D1 单元格区域合并为一个单元格,内容水平居中,并设置标题文字为宋体、14 号、加粗。

(3) 为数据区域添加单实线边框。

(4) 设置所有列为"自动调整列宽"。

(5) 设置调薪后工资格式为数值类型、保留小数点后 1 位、带千位分隔符。

(6) 设置调薪后工资大于 3500 元的为红色字体、浅绿色填充。

(7) 将 A2:D17 单元格区域自动套用表格格式"表样式浅色 10",包含标题。

(8) 将工作表命名为"工资表",并将工作表标签颜色设置为标准红色。

(9) 修改工作簿名称,格式为"作业 3-1+姓名+学号.xlsx"。

实验 3-2 公式与函数

1. 实验目的

(1) 掌握公式的使用方法。

(2) 掌握函数的使用方法。

(3) 掌握单元格地址的相对引用、绝对引用和混合引用。

2. 实验示例

以下任务需使用素材"实验 3-2 简单计算.xlsx"。

【任务 1】 公式计算。

【要求】

(1) 计算"竞赛成绩统计表"中的"总成绩"。

(2) 计算"销售情况统计表"中的图书"销售额"。

【操作步骤】

1) 计算"总成绩"

(1) 选择"竞赛成绩统计表"工作表,单击 E2 单元格,输入"＝B2＊10％＋C2＊20％＋

D2＊70％"或者"＝B2＊0.1＋C2＊0.2＋D2＊0.7",按 Enter 键确认。

（2）选中 E2 单元格，鼠标指针移动至本单元格右下角，当其变为填充柄"＋"时，按住鼠标左键，将公式向下填充至 E16 单元格，或者双击"＋"，自动向下填充至 E16 单元格，完成效果如图 3-18 所示。

	A	B	C	D	E
1	选手号	初赛成绩（占10%）	复赛成绩（占20%）	决赛成绩（占70%）	总成绩
2	A01	89	78	79	79.8
3	A02	78	65	63	64.9
4	A03	96	87	81	83.7
5	A04	67	73	69	69.6
6	A05	85	92	76	80.1
7	A06	74	85	82	81.8
8	A07	91	79	73	76
9	A08	82	66	91	85.1
10	A09	87	78	89	86.6
11	A10	81	71	85	81.8
12	A11	79	86	76	78.3
13	A12	69	81	77	77
14	A13	90	69	91	86.5
15	A14	77	88	73	76.4
16	A15	81	75	79	78.4

图 3-18 "竞赛成绩统计表"完成效果

2）计算"销售额"

（1）选择"销售情况统计表"工作表，单击 F2 单元格，输入"＝D2＊E2",按 Enter 键确认。

（2）双击 F2 单元格填充柄，完成"销售额"列数据的计算，完成效果如图 3-19 所示。

	A	B	C	D	E	F
1	编号	图书编号	图书名称	单价	销售数量	销售额
2	1	BK-83021	《计算机基础及MS Office应用》	¥185	18	¥3,330
3	2	BK-83033	《嵌入式系统开发技术》	¥185	19	¥3,515
4	3	BK-83034	《操作系统原理》	¥230	23	¥5,290
5	4	BK-83027	《MySQL数据库程序设计》	¥185	20	¥3,700
6	5	BK-83028	《MS Office高级应用》	¥210	40	¥8,400
7	6	BK-83029	《网络技术》	¥225	40	¥9,000
8	7	BK-83030	《数据库技术》	¥230	50	¥11,500
9	8	BK-83031	《软件测试技术》	¥195	21	¥4,095
10	9	BK-83035	《计算机组成与接口》	¥189	22	¥4,158
11	10	BK-83022	《计算机基础及Photoshop应用》	¥220	40	¥8,800
12	11	BK-83023	《C语言程序设计》	¥245	70	¥17,150
13	12	BK-83032	《信息安全技术》	¥185	18	¥3,330
14	13	BK-83036	《数据库原理》	¥190	21	¥3,990

图 3-19 "销售情况统计表"完成效果

以下任务需使用素材"实验 3-2 函数.xlsx"。

【任务 2】 学生成绩分析。

【需求】 利用函数计算"学生成绩分析表"中的"总分""平均分""最高分""最低分"，同时将前 5 名的总分成绩用红色填充。"学生成绩分析表"原始素材如图 3-20 所示。

【操作步骤】

1）计算"总分"和"平均分"

（1）选中 F3 单元格，单击编辑栏左侧的"插入函数"按钮 f_x（图 3-21），在弹出的"插入函数"对话框中选择函数"SUM",单击"确定"按钮，弹出"函数参数"对话框，设置函数参数"Number1"为 B3:E3,单击"确定"按钮，如图 3-22 所示。上述步骤完成后，F3 单元格编辑

图 3-20　"学生成绩分析表"原始素材

栏中自动出现函数计算表达式,如图 3-23 所示。

图 3-21　"插入函数"按钮

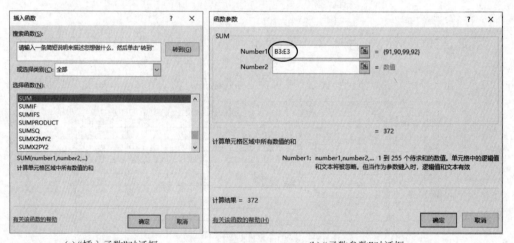

　　(a)"插入函数"对话框　　　　　　　　(b)"函数参数"对话框

图 3-22　插入函数操作流程

　　☞提示:也可以单击"公式"选项卡→"函数库"选项组中的"插入函数"按钮,弹出"插入函数"对话框。

　　☞提示:设置函数参数的方式有两种,一是通过鼠标拖动选中连续单元格区域,二是手动输入连续单元格区域。

　　(2)将光标置于 F3 单元格右下角,当光标图案变为填充柄"+"时按住鼠标左键,将函数向下填充至 F18 单元格。

　　(3)使用 AVERAGE 函数计算"平均分",参照"总分"操作步骤完成全部学生平均分的计算。

　　2)计算"最高分"和"最低分"

　　(1)使用 MAX 函数和 MIN 函数,分别计算 B19 单元格和 B20 单元格。

（2）同时选中 B19 和 B20 单元格，按住填充柄，将公式向右填充至 E20 单元格。

☞提示：任务 2 也可以通过单击"开始"选项卡→"编辑"选项组中的"自动求和"按钮完成 4 个函数的计算，如图 3-24 所示。

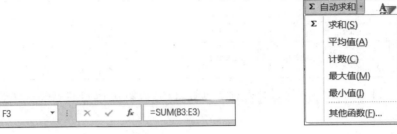

图 3-23　F3 单元格函数计算表达式　　　　图 3-24　自动求和按钮功能

3）设置总分前 5 名的单元格为红色填充

（1）选中所有总分成绩，单击"开始"选项卡→"样式"选项组中的"条件格式"下拉按钮，在弹出的下拉列表中选择"新建规则"命令。

（2）弹出"新建格式规则"对话框，在"选择规则类型"列表框中选择"仅对排名靠前或靠后的数值设置格式"，"为以下排名内的值设置格式"设置为"前"和"5"（图 3-25）。单击"格式"按钮，弹出"设置单元格格式"对话框，在"填充"选项卡中选择"背景色"中的标准红色，单击"确定"按钮，再单击"新建格式规则"对话框中的"确定"按钮，完成设置。

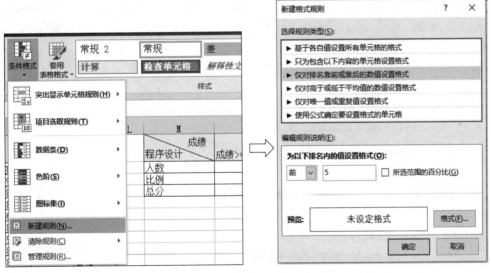

图 3-25　设置条件格式新建规则

☞提示：本任务也可以单击"开始"选项卡→"样式"选项组中的"条件格式"下拉按钮，在弹出的下拉列表中选择"项目选取规则"→"前 10 项"，在弹出的对话框中进行修改设置。

【任务 3】　使用函数计算"名次"和"等级"。

【要求】

（1）利用 RANK 函数，按总分的递减顺序在 H 列排出名次，注意单元格地址的绝对引用方法。

（2）根据总分，使用 IF 函数计算等级，成绩等级对照如表 3-1 所示，注意 IF 函数的嵌套用法。

表 3-1 成绩等级对照

分数段	等级
总分≥350	优秀
280≤总分<350	合格
总分<280	不合格

（3）使用公式和函数计算程序设计课程各分数段的"人数""比例""总分"，注意函数和公式的混合使用方法。

【操作步骤】

1）计算"名次"

在 H3 单元格内输入图 3-26 所示函数计算表达式，按 Enter 键确认。使用 H3 单元格右下角填充柄将函数填充至 H18 单元格。

图 3-26 "名次"函数计算表达式

注意："$"符号既可以手动输入，也可以按 F4 键切换，具体操作方法参照配套教材5.3.3 节，此处不再赘述。

☞提示：向下填充函数时，函数参数中相对地址的"行号"会自动递增。用来统计名次的总分地址范围是固定的，属于绝对地址引用，所以总分"行号"地址前必须添加"$"符号。

2）计算"等级"

在 I3 单元格内输入图 3-27 所示函数计算表达式，按 Enter 键确认。按住 I3 单元格填充柄，将函数填充至 I18 单元格。

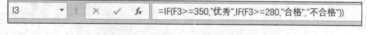

图 3-27 J3"等级"函数计算表达式

3）计算程序设计课程各分数段的"人数""比例""总分"

（1）在 L2 单元格内输入函数"=COUNTIF(E3:E18,">=80")"，或者使用"插入函数"对话框完成计算。

（2）在 N2 单元格内输入函数"=COUNTIF(E3:E18,"<60")"。

（3）在 M2 单元格内输入函数"=COUNTIFS(E3:E18,"<80",E3:E18,">=60")"。

（4）在 L3 单元格内输入函数"=L2/SUM($L$2:$N$2)"，将函数向右填充至 N3 单元格。

☞提示：向右填充函数时，函数参数中的"列标"相对地址会自动递增。用来计算人数、比例的总人数是固定内容，属于绝对引用，所以总人数单元格"行标"地址和"列标"地址前必须添加"$"符号。

（5）在 L4 单元格内输入函数"=SUMIF(E3:E18,">=80",E3:E18)"。

（6）在 N4 单元格内输入函数"=SUMIF(E3:E18,"<60",E3:E18)"。

(7) 在 M4 单元格内输入函数"=SUMIFS(E3:E18,E3:E18,"<80",E3:E18,">=60")"。

任务 3 完成效果如图 3-28 所示。

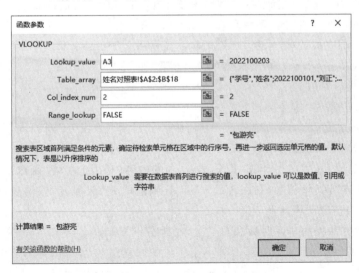

图 3-28 "学生成绩分析表"完成效果

☞提示：在函数计算表达式中,所有标点符号均为英文半角。

【任务 4】 根据学号查找对应的姓名。

【要求】 在"学号"列右侧插入一新列,列标题命名为"姓名";利用 VLOOKUP 函数,按照"姓名对照表"查找相应学号对应的姓名,将其填入"姓名"列中。

VLOOKUP 函数
使用

【操作步骤】

(1) 单击列编号"B",显示黑色向下箭头,右击,在弹出的快捷菜单中选择"插入"命令,设置新插入列标题为"姓名"。

☞提示：也可以选中需要插入列后面一列中的任意一个单元格,右击,在弹出的快捷菜单中选择"插入"命令,弹出"插入"对话框,选中"整列"单选按钮,完成插入新列。

(2) 选中 B3 单元格,在编辑栏中输入函数"=VLOOKUP(A3,姓名对照表!$A$2:$B$18,2,FALSE)",或单击编辑栏左侧的"插入函数"按钮 fx,在弹出的"插入函数"对话框中选择 VLOOKUP 函数,弹出"函数参数"对话框,填写对应参数框内容,如图 3-29 所示。

图 3-29 设置 VLOOKUP 函数参数

(3) 利用 B3 单元格填充柄,将函数向下填充至 B18 单元格,效果如图 3-30 所示。

	A	B	C	D	E	F	G	H	I	J	K
1					学生成绩分析表						
2	学号	姓名	班级	高等数学	英语	经济法规	程序设计	总分	平均分	名次	等级
3	2022100203	包游亮	2班	91	90	99	92	372	93.0	1	优秀
4	2022100101	刘正	1班	79	82	88	89	338	84.5	5	合格
5	2022100301	华玲	3班	81	74	82	85	322	80.5	9	合格
6	2022100304	骆晶晶	3班	79	62	50	77	268	67.0	14	不合格
7	2022100102	冯斌	1班	88	71	89	87	335	83.8	6	合格
8	2022100401	丁瑜	4班	90	84	92	94	360	90.0	2	优秀
9	2022100404	陈峰	4班	75	70	98	86	329	82.3	8	合格
10	2022100201	陈明志	2班	88	81	89	63	321	80.3	10	合格
11	2022100302	郭仪	3班	89	87	93	91	360	90.0	2	优秀
12	2022100204	汪蕾	2班	86	78	94	98	356	89.0	4	优秀
13	2022100402	徐迟	4班	71	64	78	52	265	66.3	15	不合格
14	2022100104	杨莉	1班	51	76	49	74	250	62.5	16	不合格
15	2022100303	邹明	3班	52	80	78	91	301	75.3	12	合格
16	2022100103	杨晋进	1班	93	75	64	64	296	74.0	13	合格
17	2022100202	吴春宏	2班	71	82	93	85	331	82.8	7	合格
18	2022100403	王平凯	4班	97	66	82	65	310	77.5	11	合格
19	最高分			97	90	99	98				
20	最低分			51	62	49	52				

图 3-30　填充"姓名"列

MID 函数计算

【任务 5】　根据学号计算学生所在班级。

【要求】　在"高等数学"列左侧插入一新列,列标题命名为"班级"("学号"中第 8 个字符即是班级),利用 MID 函数计算学生所在班级,显示形式如"1 班"。

【操作步骤】

(1) 单击列编号"C",显示黑色向下箭头,右击,在弹出的快捷菜单中选择"插入"命令,设置新插入列标题为"班级"。

(2) 选中 C3 单元格,在编辑栏中输入函数"＝MID(A3,8,1)&"班"",如图 3-31 所示。

| C3 | | × ✓ fx | =MID(A3,8,1)&"班" |

图 3-31　MID 函数计算表达式

(3) 利用 C3 单元格填充柄,将函数向下填充至 C18 单元格,最终效果如图 3-31 所示。

☞提示:在根据学号计算学生所在班级时,如果"学号"中的第 7 和第 8 两个字符为班级,则需要利用 MID 函数对"学号"进行截取。其方法如下:选中 C3 单元格,在编辑栏中输入函数"＝MID(A3,7,2)&"班""。

3. 实验作业

本实验作业在素材"作业文档 3-2. xlsx"中完成。

(1) 在工作表"运动会成绩统计表"中利用公式计算"总积分"列的内容(公式:"总积分＝第一名项数×8＋第二名项数×5＋第三名项数×3")。

(2) 按总积分的降序次序计算"积分排名"列的内容(利用 RANK 函数)。

(3) 在工作表"课程表"中,利用 VLOOKUP 函数填充"课程名"列信息,课程编号与课程名对照信息放置在"课程对照表"工作表中。

(4) 计算所有课程的总课时数和总学分,结果分别显示在 C46 和 E46 单元格中。

(5) 利用 COUNTIF 函数计算学分不小于 4 的课程门数,结果显示在 F2 单元格中。

(6) 根据课程编号,利用 IF 函数填充"课程类型"列,课程类型与课程编号的对应关系是:课程编号的第一位(要求利用 MID 函数得到)表示课程类型,"6"表示"通修课程","4"

表示"选修课程","9"表示"专业核心课程",结果显示在 D2:D45 单元格区域中。

实验 3-3 数据图表

1. 实验目的

(1) 掌握图表的创建方法。

(2) 掌握图表的编辑方法。

2. 实验示例

以下任务需使用实验 3-3 素材"优秀支持率统计表"工作表,素材初始数据如图 3-32 所示。

【任务】 根据"学生"和"优秀支持率"两列数据区域的内容建立三维饼图,完成效果如图 3-33 所示。

	A	B	C	D
1	论文优秀支持率调查表			
2	学生	认为优秀的人数	优秀支持率	支持率排名
3	Tom	876	15.4%	4
4	Rose	654	11.5%	5
5	Jack	245	4.3%	6
6	Jim	1634	28.8%	1
7	Mike	987	17.4%	3
8	Jane	1285	22.6%	2
9	总计	5681		

图 3-32 实验 3-3 素材初始数据

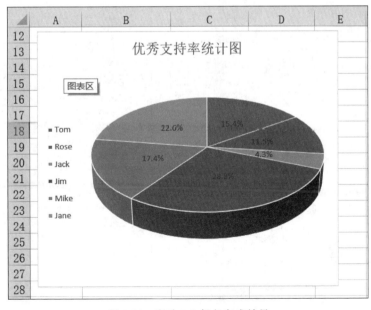

图 3-33 实验 3-3 任务完成效果

【要求】 图表标题为"优秀支持率统计图",图例位于左侧,为饼图添加数据标签并居中,将图表移动到工作表 A12:E28 单元格区域。

【操作步骤】

(1) 建立三维饼图。选中 A2:A8 单元格区域,按 Ctrl 键的同时选中 C2:C8 单元格区域,单击"插入"选项卡→"图表"选项组中的"其他图表"下拉按钮,在弹出的下拉列表中选择"所有图表类型"命令,弹出"插入图表"对话框,在"饼图"选项卡中选择"三维饼图",单击"确定"按钮。

(2) 修改图表标题。单击图表标题区,将默认的图表标题"优秀支持率"修改为"优秀支持率统计图"。

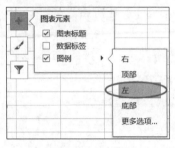

图 3-34　修改图例位置

(3) 修改图例位置。单击图表,单击图表区右上角的"图表元素"按钮,选择"图例"→"左"命令,设置图例位于左侧,如图 3-34 所示。

(4) 添加数据标签。选中图表对象,单击"图表工具|设计"选项卡→"图表布局"选项组中的"添加图表元素"下拉按钮,在弹出的下拉列表中选择"数据标签"→"其他数据标签选项",如图 3-35 所示,在右侧弹出的"设置数据标签格式"窗格的"标签选项"中设置"标签位置"为"居中",如图 3-36 所示。

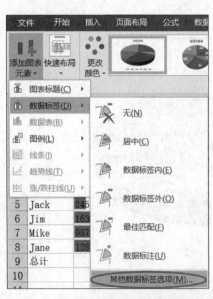

图 3-35　添加数据标签

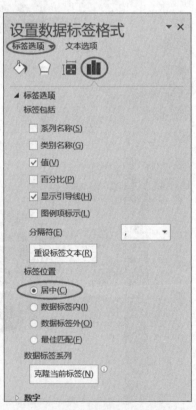

图 3-36　设置数据标签格式

说明:也可在图 3-35 中直接选择"居中"命令完成设置。

（5）移动图表。选中图表对象,先将图表对象左上角移动至 A12 单元格处,然后将鼠标指针放到图表对象右下角,当鼠标指针变成双向箭头时,按住鼠标左键的同时拖动鼠标至 E28 单元格处。

3. 实验作业

本实验在"作业文档 3-3.xlsx"工作簿中的"所占比例"工作表中完成。

（1）选取"所占比例"工作表中的"年份"和"所占比例"两列建立簇状柱形图,图表标题为"汽车销售统计图",将图例置于底部。

（2）设置图表区格式边框样式为"圆角",图表区域图案填充 5％的"蓝-灰、文字 2、淡色 80％"的背景色;将图表置于 A15:F30 单元格区域中。

实验 3-4　数据管理

1. 实验目的

（1）掌握数据的排序方法。

（2）掌握数据的筛选方法。

（3）掌握数据的分类汇总方法。

（4）掌握数据透视表的使用方法。

（5）掌握数据表的合并计算方法。

（6）掌握外部数据导入方法。

2. 实验示例

以下任务需使用素材"实验 3-4.xlsx"和文本文件"蔬菜主要品种目录.txt"完成。

数据排序和分类汇总

【任务 1】 数据排序和分类汇总。

【要求】 对工作表"分类汇总"的数据清单内容(图 3-37)进行分类汇总,分类字段为"系别",汇总方式为"平均值",汇总项为"考试成绩",汇总结果显示在数据下方。

	A	B	C	D	E	F
1	系别	学号	姓名	考试成绩	实验成绩	总成绩
2	信息	991021	李新	74	16	90
3	计算机	992032	王文辉	87	17	104
4	自动控制	993023	张磊	65	19	84
5	经济	995034	郝心怡	86	17	103
6	信息	991076	王力	91	15	106
7	数学	994056	孙英	77	14	91
8	自动控制	993021	张在旭	60	14	74
9	计算机	992089	金翔	73	18	91
10	计算机	992005	扬海东	90	19	109
11	自动控制	993082	黄立	85	20	105
12	信息	991062	王春晓	78	17	95
13	经济	995022	陈松	69	12	81
14	数学	994034	姚林	89	15	104
15	信息	991025	张雨涵	62	17	79
16	自动控制	993026	钱民	66	16	82
17	数学	994086	高晓东	78	15	93
18	经济	995014	张平	80	18	98
19	自动控制	993053	李英	93	19	112
20	数学	994027	黄红	68	20	88

图 3-37　学生成绩表初始数据

74

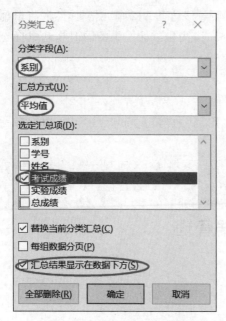

图 3-38 "分类汇总"对话框

【操作步骤】

(1) 选中 A2:A20 单元格区域的任一单元格，单击"开始"选项卡→"编辑"选项组中的"排序和筛选"下拉按钮，在弹出的下拉列表中选择"升序"命令。

☞提示：也可以单击"数据"选项卡→"排序和筛选"选项组中的"升序"按钮。

(2) 选中 A1:F20 单元格区域或单击数据区域的任意一个单元格，单击"数据"选项卡→"分级显示"选项组中的"分类汇总"按钮，在弹出的"分类汇总"对话框中设置分类字段为"系别"，汇总方式为"平均值"；仅选中汇总项"考试成绩"，单击"确定"按钮，如图 3-38 所示。分类汇总效果如图 3-39 所示。

☞提示：如果需要隐藏明细项，查看各类别的汇总值，可以单击图 3-39 中左上角的级别按钮，或单击级别下方对应的展开(＋)或折叠(－)按钮，如图 3-40 所示。

	A 系别	B 学号	C 姓名	D 考试成绩	E 实验成绩	F 总成绩
1	系别	学号	姓名	考试成绩	实验成绩	总成绩
2	计算机	992032	王文辉	87	17	104
3	计算机	992089	金翔	73	18	91
4	计算机	992005	扬海东	90	19	109
5	计算机 平均值			83.33333		
6	经济	995034	郝心怡	86	17	103
7	经济	995022	陈松	69	12	81
8	经济	995014	张平	80	18	98
9	经济 平均值			78.33333		
10	数学	994056	孙英	77	14	91
11	数学	994034	姚林	89	15	104
12	数学	994086	高晓东	78	15	93
13	数学	994027	黄红	68	20	88
14	数学 平均值			78		
15	信息	991021	李新	74	16	90
16	信息	991076	王力	91	15	106
17	信息	991062	王春晓	78	17	95
18	信息	991025	张雨涵	62	17	79
19	信息 平均值			76.25		
20	自动控制	993023	张磊	65	19	84
21	自动控制	993021	张在旭	60	14	74
22	自动控制	993082	黄立	85	20	105
23	自动控制	993026	钱民	66	16	82
24	自动控制	993053	李英	93	19	112
25	自动控制 平均值			73.8		
26	总计平均值			77.42105		

图 3-39 分类汇总效果

	A	B	C	D	E	F
1	系别	学号	姓名	考试成绩	实验成绩	总成绩
5	计算机 平均值			83.33333		
9	经济 平均值			78.33333		
14	数学 平均值			78		
15	信息	991021	李新	74	16	90
16	信息	991076	王力	91	15	106
17	信息	991062	王春晓	78	17	95
18	信息	991025	张雨涵	62	17	79
19	信息 平均值			76.25		
25	自动控制 平均值			73.8		
26	总计平均值			77.42105		

图 3-40　分类汇总隐藏部分明细项效果

【任务 2】　数据自动筛选和多关键字排序。

【要求】

（1）对"筛选"工作表内数据清单的内容进行筛选,条件为数据库原理、操作系统、体系结构 3 门成绩均不小于 60 且平均成绩不小于 75。

（2）对筛选后的内容按主要关键字"平均成绩"降序和次要关键字"班级"升序进行排序。

【操作步骤】

1) 针对各科成绩的多字段自动筛选

（1）选中数据区任意一个单元格,单击"数据"选项卡→"排序和筛选"选项组中的"筛选"按钮,各列数据标题单元格右侧自动出现下拉筛选按钮▼。

（2）单击"数据库原理"列筛选按钮▼,在弹出的下拉列表中选择"数字筛选"→"大于或等于",弹出"自定义自动筛选方式"对话框,在"数据库原理""大于或等于"中输入"60",单击"确定"按钮,如图 3-41 所示。

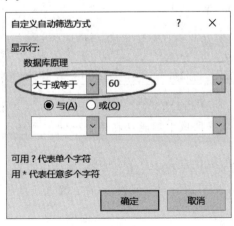

图 3-41　"自定义自动筛选方式"对话框

（3）分别单击"操作系统""体系结构""平均成绩"列标题右侧筛选按钮,参考步骤（2）进行筛选操作。

2) 对筛选结果进行多关键字排序

(1) 选中数据区任意一个单元格,单击"数据"选项卡→"排序和筛选"选项组中的"排序"选项卡,弹出"排序"对话框(图 3-42),设置"主要关键字"为"平均成绩","排序依据"为"数值","次序"为"降序"。

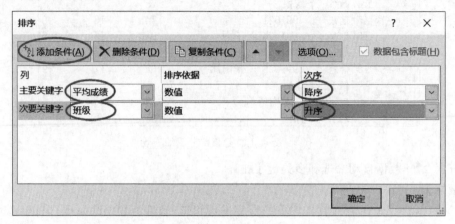

图 3-42 "排序"设置

(2) 单击"添加条件"按钮,设置"次要关键字"为"班级","排序依据"为"数值","次序"为"升序"。单击"确定"按钮,效果如图 3-43 所示。

	A	B	C	D	E	F	G
1	学号	姓名	班级	数据库	操作系	体系结	平均成
2	013007	陈松	3班	94	81	90	88.33
3	012011	王春晓	2班	95	87	78	86.67
4	013011	王文辉	3班	82	84	80	82.00
5	011028	金翔	1班	91	75	77	81.00
6	012020	李新	2班	84	82	77	81.00
7	011021	李新	1班	78	69	95	80.67
9	011024	郝心怡	1班	82	73	87	80.67
10	011025	王力	1班	89	90	63	80.67
11	013008	张雨涵	3班	78	80	82	80.00
12	012015	钱民	2班	63	82	89	78.00
13	012018	李英	2班	77	66	91	78.00

图 3-43 各科目筛选及排序后结果

☞提示:进行排序的数据区域中不能包括已合并的单元格。

【任务3】 高级筛选。

【要求】 先在"高级筛选"工作表表头插入 4 行,筛选出系别为信息或者成绩大于 80 的记录,并将筛选结果保存在 A37 开始的单元格。(注:筛选条件放在表头 3 行中)

高级筛选

【操作步骤】

1) 插入 4 行空行

(1) 选中第一行任意一个单元格,单击"开始"选项卡→"单元格"选项组中的"插入"下拉按钮,在弹出的下拉列表中选择"插入工作表行"命令。

☞提示:也可以选择右键快捷菜单中的"插入"命令,在弹出的"插入"对话框中选中"整行"单选按钮,如图 3-44 所示,或者选中整行,右击,在弹出的快捷菜单中选择"插入"命令。

(2) 重复步骤(1)3 次,完成表头前插入 4 个空白行。

☞提示:也可以在完成步骤(1)后按 3 次 F4 键,完成表头前插入 4 个空白行。

2) 制作高级筛选条件区域

(1) 选中表头行 A5:E5 单元格区域,将其复制到 A1:E1 单元格区域。

(2) 在 A2 单元格内输入"信息",在 E3 单元格内输入">80",完成高级筛选条件区域制作。如图 3-45 所示。

(a) 选择"插入工作表行"命令　　(b) "插入"对话框

图 3-44　插入工作表行

	A	B	C	D	E
1	系别	学号	姓名	课程名称	成绩
2	信息				
3					>80
4					

图 3-45　高级筛选条件区域

3) 将筛选结果保存到 A37 开始的单元格

选中数据区域 A5:E34,单击"数据"选项卡→"排序和筛选"选项组中的"高级"按钮,弹出"高级筛选"对话框,选中"将筛选结果复制到其他位置"单选按钮,单击"条件区域"文本框右侧折叠按钮,在工作表选择 A1:E3 单元格区域,单击"复制到"文本框右侧折叠按钮,选择工作表的 A37 单元格,如图 3-46 所示,单击"确定"按钮,高级筛选后的数据如图 3-47 所示。

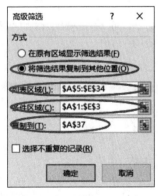

37	系别	学号	姓名	课程名称	成绩
38	信息	991021	李新	多媒体技术	74
39	计算机	992032	王文辉	人工智能	87
40	经济	995034	郝心怡	多媒体技术	86
41	信息	991076	王力	计算机图形学	91
42	计算机	992005	扬海东	人工智能	90
43	自动控制	993082	黄立	计算机图形学	85
44	信息	991062	王春晓	多媒体技术	78
45	信息	991025	张雨涵	计算机图形学	62
46	自动控制	993053	李英	计算机图形学	93
47	信息	991021	李新	人工智能	87
48	信息	991076	王力	多媒体技术	81
49	信息	991025	张雨涵	多媒体技术	68

图 3-46　"高级筛选"对话框　　　　图 3-47　高级筛选后的结果数据

【任务 4】　数据透视表的使用。

【要求】　为"数据透视表"工作表中的图书销售情况建立数据透视表,按行为"经销部门",列为"图书类别",数据为"数量(册)"求和布局,并置于现工作表的 H2:L7 单元格区域。

☞提示：分类汇总只能针对一个字段进行分类和汇总,若要对两个字段同时进行分类汇总,则必须使用数据透视表(或数据透视图)功能。

【操作步骤】

(1) 插入数据透视表。选中 A2:F44 单元格区域,单击"插入"选项卡→"表格"选项组中的"数据透视表"按钮,弹出"创建数据透视表"对话框,设置放置数据透视表的位置为"现有工作表",并设置位置为 H2:L7 单元格区域,如图 3-48 所示,单击"确定"按钮。

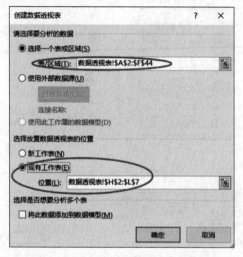

图 3-48 "创建数据透视表"对话框

(2) 在"数据透视表字段"窗格(图 3-49)中进行设置,拖曳字段区域的"经销部门"到行区域,拖曳"图书类别"字段到列区域,拖曳"数量(册)"字段到值区域,数据透视表完成效果如图 3-50 所示。

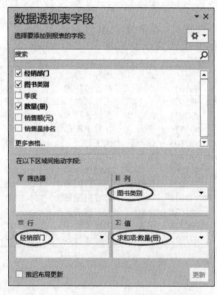

求和项:数量(册)	列标签			
行标签	计算机类	少儿类	社科类	总计
第1分部	1596	2126	1615	5337
第2分部	1290	1497	993	3780
第3分部	1540	1492	1232	4264
总计	4426	5115	3840	13381

图 3-49 "数据透视表字段列表"窗格　　　　图 3-50 数据透视表完成效果

注意：默认数值汇总方式为"求和项"，如有需要，可以通过单击图3-49值区域右侧的下拉三角按钮，在弹出的下拉列表中选择"值字段设置"，在弹出的"值字段设置"对话框中可以修改值汇总方式，如图3-51所示。

图3-51 "值字段设置"对话框

【任务5】 合并计算。

以下任务需使用素材"实验3-4.xlsx"中的4个工作表"第1周"~"第4周"中的原始数据进行完善后实现。

合并表格

【要求】

（1）在每个工作表的C、D、E、F 4个销量列的空白单元格中输入数字0。

（2）分别计算每个工作表中4个销售部的周销量合计值，填入G列；分别计算每个工作表中的周销售总额，填入H列。

（3）分别将每个工作表中的数据区域定义为与工作表名相同的名称。

（4）将4个工作表中的数据以求和方式合并到新工作表"月销售合计"中，合并数据自工作表"月销售合计"的A1单元格开始。

【操作步骤】

（1）切换到工作表"第1周"，选中C2:F106单元格区域，单击"开始"选项卡→"编辑"选项组中的"查找和选择"下拉按钮，从弹出的下拉列表中选择"定位条件"命令，弹出"定位条件"对话框，选中"空值"单选按钮，单击"确定"按钮，即可选中所有空白单元格。在编辑栏中输入"0"，按 Ctrl＋Enter 组合键确认，使所有选中的空白单元格均被填充数字0。采用同样方法，为"第2周""第3周""第4周"工作表的空白单元格填充数字0。

（2）计算每个工作表中4个销售部的周销量合计值。

① 单击"第1周"工作表标签，按住 Shift 键，再单击"第4周"工作表标签，同时选中这4张工作表（组成工作表组）。在G2单元格中输入或通过"插入公式"对话框构造公式"＝SUM(C2:F2)"，按 Enter 键确认输入。在H2单元格中输入或通过"插入公式"对话框构造公式"＝B2＊G2"，按 Enter 键确认输入。

② 右击"第1周"~"第4周"任一工作表标签，从弹出的快捷菜单中选择"取消组合工作表"命令。切换到"第1周"工作表，选中G2:H2单元格区域，双击它们的填充柄，填充本

工作表 G、H 列后续各行单元格;分别对"第 2 周"~"第 4 周"的工作表做同样操作。

(3) 切换到"第 1 周"工作表,选中 A1:H106 单元格区域,删除编辑栏左侧名称框中的任何内容,并输入"第 1 周",按 Enter 键确认。按照同样方法,为其他 3 周的工作表的数据区域定义名称"第 2 周""第 3 周""第 4 周"。

☞提示:也可选中 A1:H106 单元格区域,右击,在弹出的快捷菜单中选择"定义名称"命令,在弹出的"新建名称"对话框中设置区域名称为"第 1 周",如图 3-52 所示。

(4) 合并表格数据。

① 单击工作表标签右侧的"新工作表"按钮,新建一张工作表。双击新工作表标签,将其重命名为"月销售合计"。

② 选中"月销售合计"工作表的 A1 单元格,单击"数据"选项卡→"数据工具"选项组中的"合并计算"按钮,在弹出的"合并计算"对话框中设置"函数"为"求和"。将插入点定位到"引用位置"框,选择"第 1 周"工作表的数据区域 A1:H106,单击"添加"按钮。采用同样方法,添加其他 3 周工作表的数据区域到"所有引用位置"列表框中,选中"首行"和"最左列"复选框,单击"确定"按钮,如图 3-53 所示。

图 3-52 "新建名称"对话框

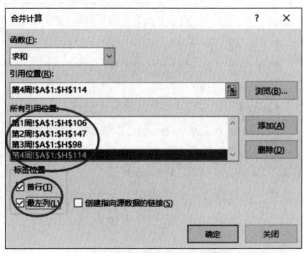

图 3-53 "合并计算"对话框

☞提示:也可以在图 3-53 的"引用位置"框输入已命名好的区域名称"第 1 周",单击"添加"按钮。同理,将其他 3 个命名区域添加到"所有引入位置"框。

③ 适当调整各列列宽,使其完整显示数值。4 张表合并后的效果如图 3-54 所示。

	A	B	C	D	E	F	G	H
1		单价(元/斤)	一部销量	二部销量	三部销量	四部销量	本周销量	销售总额(元)
2	菜花	4.9500	0	60	0	0	60	97.00
3	菜心	12.4500	0	63	75	44	182	594.55
4	茶树菇	34.0000	90	0	6	0	96	812.50
5	大白菜	2.8750	80	50	330	0	460	350.25
6	大葱	8.1000	54	184	80	10	328	633.15
7	大蒜	26.1000	0	2	2	0	4	26.30
8	冬瓜	2.4500	60	113	182	99	454	325.80
9	冬笋	21.2500	0	64	8	24	96	501.60

图 3-54 4 张表合并后的效果(部分)

【任务6】 获取外部数据。

【要求】 在工作簿最右侧创建一个名为"品种目录"的工作表。将以制表符分隔的素材文本文件"蔬菜主要品种目录.txt"自A1单元格开始导入"品种目录"工作表中,要求"编号"列保持原格式。

【操作步骤】

(1)单击工作表标签区最右侧的"新工作表"按钮,新建一张工作表。双击新工作表标签,输入名称"品种目录",按Enter键确认。拖曳该工作表标签,使其位于所有工作表的右侧。

(2)选中"品种目录"工作表的A1单元格,单击"数据"选项卡→"获取外部数据"选项组中的"自文本"按钮,弹出"导入文本文件"对话框,选择素材文本文件"蔬菜主要品种目录.txt",单击"导入"按钮。

(3)弹出"文本导入向导"对话框,第1步,选中"分隔符号"单选按钮,单击"下一步"按钮;第2步,选中"Tab键"复选框,单击"下一步"按钮;第3步,在下方"数据预览"中选择"编号"列,在上方选中"文本"单选按钮,单击"完成"按钮,如图3-55~图3-57所示。

(4)在弹出的"导入数据"对话框中设置数据的放置位置为"现有工作表""=＄A＄1",单击"确定"按钮,如图3-58所示。

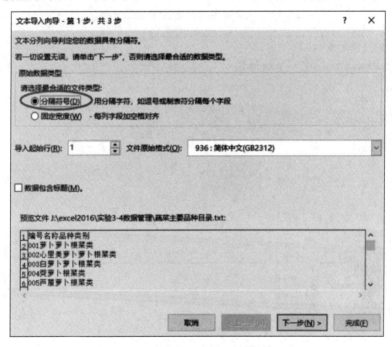

图3-55 "文本导入向导"对话框第1步

3. 实验作业

本实验作业在素材"作业文档3-4.xlsx"中完成。

(1)将Sheet1工作表复制4份,并将这些工作表依次命名为"分类汇总""筛选""高级筛选""数据透视表"。

(2)在"分类汇总"工作表中利用"总成绩"进行降序排序,利用"专业"分类汇总出实验

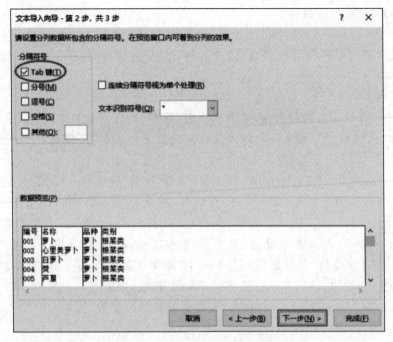

图 3-56 "文本导入向导"对话框第 2 步

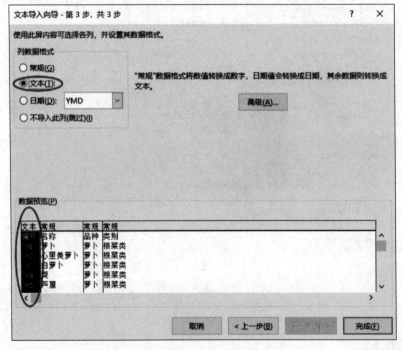

图 3-57 "文本导入向导"对话框第 3 步

成绩和总成绩的最低分。

（3）在"筛选"工作表中筛选出实验成绩大于 15 分、总成绩大于 90 分的数据。

（4）在"高级筛选"工作表中筛选出考试实验成绩不小于 80 分或实验成绩不小于 18 分的数据。

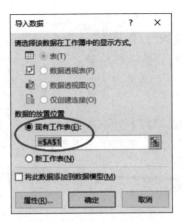

图 3-58　"导入数据"对话框

（5）为"数据透视表"工作表中的数据建立数据透视表,数据透视表放置到一个名为"成绩透视表"的新工作表中,透视表行标签为"系别",对考试成绩求最小值、实验成绩求最大值、总成绩求平均分。

实验 3-5　综合应用——Excel 综合实训

使用给定素材完成以下任务,具体要求如下。

（1）将"Sheet1"工作表的 A1:G1 单元格区域合并为一个单元格,内容水平居中;计算"总计"列和"专业总人数所占比例"列（百分比型,保留小数点后 2 位）的内容;利用条件格式的"绿、黄、红"色阶修饰 G3:G10 单元格区域。

（2）参看素材中的样张 1 图,选择 Sheet1 工作表"专业"和"专业总人数所占比例"两列数据区域的内容建立三维饼图,图表标题为"专业总人数所占比例统计图",图例位置靠左,数据标签内。将图表移动到工作表 A12:G28 单元格区域,将工作表命名为"在校生专业情况统计表"。

（3）在"误差测量表"工作表中计算实测值与预测值之间误差的绝对值,并放置于"误差（绝对值）"列。评估"预测准确度"列,评估规则为:"误差"低于或等于"实测值"10％的,"预测准确度"为"高";"误差"大于"实测值"10％的,"预测准确度"为"低"（使用 IF 函数）。设置"预测准确度"列的单元格样式为"玫瑰红 40％-着色 2"。

（4）在"销售情况表"工作表中计算"已销售出数量"（已销售出数量＝进货数量－库存数量）,计算"销售额（元）",利用 RANK 函数计算"销售额排名"（按销售额降序排列）;利用单元格样式的"标题 2"修饰表标题,利用"输出"修饰 A2:G14 单元格区域;利用条件格式将"销售排名"列内容中数值不大于 5 的数字颜色设置为红色。

（5）在"成绩表"工作表中计算"平均成绩"列的内容（数值型,保留小数点后 2 位）,计算一组学生人数（置于 G3 单元格内,利用 COUNTIF 函数）和一组学生平均成绩（置于 G5 单元格内,利用 AVERAGEIF 函数）。

（6）对"计算机动画技术成绩单"工作表内数据清单的内容进行筛选,条件如下:实验成绩 15 分（含 15 分）以上,总成绩在 80～100 分（含 80 分和 100 分）的数据。

(7) 参考素材中的样张 2 图,对"保险"工作表中的险种进行分类汇总,分类字段为"险种",汇总方式为"求和",汇总项为"保费收入"。

(8) 在"高级筛选"工作表的数据清单前插入 4 行,条件区域设在 A1:F3 单元格区域,条件如下:高等数学大于 80 分,或者英语大于 80 分的记录,在原有区域显示筛选结果,工作表名不变。

(9) 对"图书销售表"工作表的内容建立数据透视表,行标签为"经销部门",列标签为"图书类别",求和项为"销售额(元)",并置于现工作表的 H2:L7 单元格区域,参看素材中的样张 3 图。

(10) 原名保存文档后,将保存后的文档另存为"结果.xlsx"。

第4章 演示文稿制作

实验 4-1　幻灯片制作实例

1. 实验目的
（1）掌握创建演示文稿的基本过程和演示文稿格式化的方法。
（2）掌握幻灯片各种对象的插入方法。
（3）掌握幻灯片的切换、动画、超链接和放映方法。

2. 实验示例
导游小姚正在制作一份介绍首都北京的演示文稿，按照下列要求帮助她组织材料并完成演示文稿的整合制作。完成后的演示文稿共包含 19 张幻灯片，其中不能出现空白幻灯片，做好后效果如图 4-1 所示。

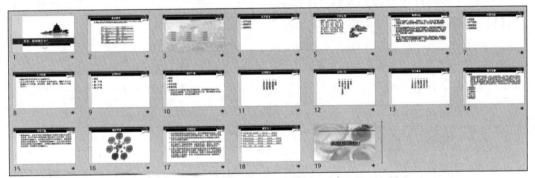

图 4-1　样张图片

【任务 1】　创建演示文稿——"首都北京.pptx"。

【要求】

（1）根据素材文件夹下的 Word 文档"PPT 素材.docx"中的内容创建一个初始包含 18 张幻灯片的演示文稿"首都北京.pptx"，要求新建幻灯片中不包含原素材中的任何格式。

（2）Word 素材中的红色文本为演示文稿标题，蓝色文本为演示文稿第一级文本，黑色文本为演示文稿第二级文本。

创建演示文稿

【操作步骤】

1）创建演示文稿

打开 PowerPoint 2016，创建一个空白演示文稿并保存，文件名为"首都北京.pptx"。

2) 设置素材文档的样式

打开"PPT 素材.docx"文档,选中第一段红色文字,单击"开始"选项卡→"编辑"选项组中的"选择"按钮,选择"选定所有格式类似的文本(无数据)",则文档中所有红色文本被选中。单击"开始"选项卡→"样式"选项组中的"标题 1",将所有红色文字都应用"标题 1"样式。

采用同样方法,将所有蓝色文字都应用"标题 2"样式,将所有黑色文字都应用"标题 3"样式,保存并关闭 Word 文档。

☞提示:可以将素材文档另存为一个 Word 文件,以免原始文档被修改后,操作错误无法恢复。

3) 批量导入幻灯片

切换到 PowerPoint 窗口,单击"开始"选项卡→"幻灯片"选项组中的"新建幻灯片"下拉按钮,从弹出的下拉列表中选择"幻灯片(从大纲)",弹出"插入大纲"对话框,选择素材文件夹下的"PPT 素材.docx",单击"打开"按钮。

通过此方法,快速创建 18 张幻灯片。

【任务 2】 美化幻灯片——设计主题、幻灯片母版。

【要求】

(1) 为"首都北京.pptx"设置素材文件夹下的设计主题"龙腾.thmx"。

(2) 将该主题下全部幻灯片中的所有级别的文本格式均修改为"微软雅黑"字体、深蓝色、两端对齐,并设置文本溢出文本框时自动缩排文字。

(3) 将标题幻灯片中右上方的图片替换为"天坛.jpg"。

【操作步骤】

1) 设置主题

单击"设计"选项卡→"主题"选项组中的"其他"下拉按钮 |⁼|,在弹出的下拉列表中选择"浏览主题"命令,弹出"选择主题或主题文档"对话框,选择素材文件夹下的"龙腾.thmx",单击"应用"按钮。

设计主题、幻灯片母版

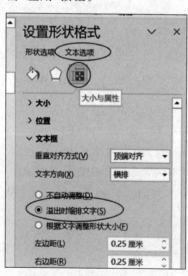

图 4-2 设置母版文字形状格式

2) 编辑母版

(1) 设置母版文字格式。单击"视图"选项卡→"母版视图"选项组中的"幻灯片母版"按钮,进入幻灯片母版视图。在母版视图的左侧缩略图窗格中选中第 1 张"Office 主题"幻灯片母版。在右侧编辑区中选中内容文本框中的所有占位文字,在"开始"选项卡→"字体"选项组设置字体为"微软雅黑"。单击"开始"选项卡→"字体"选项组中的"字体颜色"下拉按钮,在弹出的下拉列表中选择标准色"深蓝色";在"段落"选项组中单击"两端对齐"按钮。

(2) 设置母版文字形状格式。选中内容文本框的边框并右击,在弹出的快捷菜单中选择"大小和位置"命令,打开"设置形状格式"窗格,选择"形状选项"→"大小与属性"→"文本框",选中"溢出时缩排文字"单选按钮,如图 4-2 所示,单击"关闭"按钮。

3) 在母版中插入图片

在母版视图的左侧缩略图窗格中选中第 2 张"标题幻灯片版式:由幻灯片 1 使用",选中右侧编辑区的图片,右击,在弹出的快捷菜单中选择"更改图片"命令,在打开的对话框中选择"插入图片"→"从文件",选择素材文件夹下的"天坛.jpg",单击"插入"按钮,关闭母版视图。

【任务 3】　布局幻灯片——设置幻灯片版式。

设置幻灯片版式

【要求】

(1) 为第 1 张幻灯片应用"标题幻灯片"版式,将副标题的文本颜色设置为标准黄色。

(2) 为第 2 张幻灯片应用"内容与标题"版式。

(3) 为第 3 张幻灯片应用"节标题"版式。

(4) 为第 5 张幻灯片应用"两栏内容"版式。

(5) 为第 11~13 张幻灯片应用"标题和竖排文字"版式。

(6) 为第 18 张幻灯片应用"标题和表格"版式。

【操作步骤】

(1) 选中第 1 张幻灯片,单击"开始"选项卡→"幻灯片"选项组中的"版式"下拉按钮,在弹出的下拉列表中选择"标题幻灯片"。在右侧内容编辑区中选中副标题文本,单击"开始"选项卡→"字体"选项组中的"字体颜色"下拉按钮,在弹出的下拉列表中选择标准色"黄色"。

(2) 选中第 2 张幻灯片,单击"开始"选项卡→"幻灯片"选项组中的"版式"下拉按钮,在弹出的下拉列表中选择"内容与标题"。

(3) 要求(3)~(6)设置方法与步骤(1)和(2)类似,此处不再赘述。

【任务 4】　插入对象——图片、音频、超链接。

插入图片、音频、超链接

【要求】

(1) 在第 1 张幻灯片中插入素材文件夹中的音乐"北京欢迎你.mp3",当放映演示文稿时自动隐藏该音频图标。单击该幻灯片中的标题即可开始播放音乐,一直到第 18 张幻灯片后音乐自动停止。

(2) 将素材文件夹下的图片"火车站.jpg"以 85% 的透明度设置为第 3 张幻灯片的背景。

(3) 为第 3 张幻灯片文本框中的目录内容添加任意项目符号,并设为 3 栏显示,适当加大栏间距。为每项目录内容添加超链接,令其分别链接到本文档中相应的幻灯片。

(4) 在第 5 张幻灯片右侧的内容框中插入图片"行政区划图.jpg",调整图片的大小,改变图片的样式,并应用一个适当的艺术效果。

【操作步骤】

1) 插入音频

选中第 1 张幻灯片,单击"插入"选项卡→"媒体"选项组中的"音频"下拉按钮,在弹出的下拉列表中选择"PC 上的音频",弹出"插入音频"对话框,选择素材文件夹下的"北京欢迎你.mp3",单击"插入"按钮。

选中插入音频后的幻灯片中的"小喇叭"图标,选中"音频工具|播放"选项卡→"音频选项"选项组中的"放映时隐藏"复选框。

单击"动画"选项卡→"高级动画"选项组中的"动画窗格"按钮,打开动画窗格;再单击"触发"下拉按钮,在弹出的下拉列表中选择"通过单击"→"北京欢迎你",如图4-3所示。

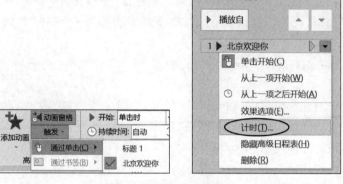

图4-3　设置音频效果

在右侧动画窗格中右击"北京欢迎你"条目,在弹出的快捷菜单中选择"计时"命令,如图4-3所示。弹出"播放音频"对话框,单击"触发器"按钮,选中"单击下列对象时启动效果"单选按钮,选择"标题1:北京,你知道多少?"。切换到"效果"选项卡,在"停止播放"选项组中设置"在18张幻灯片后",单击"确定"按钮。第1张幻灯片做好后效果如图4-4所示。

图4-4　第1张幻灯片效果

2) 设置背景图片

选中第3张幻灯片,单击"设计"选项卡→"自定义"选项组中的"设置背景格式"按钮,打开"设置背景格式"任务窗格,选择"填充"选项卡,选中"图片或纹理填充"单选按钮,单击"插入自"下方的"文件"按钮,弹出"插入图片"对话框,选择素材文件夹下的"火车站.jpg",单击"插入"按钮。

返回"设置背景格式"任务窗格,设置"透明度"为"85%",单击"关闭"按钮。

3) 插入项目符号,设置超链接

选中第3张幻灯片,选中文本框中的所有目录文字,单击"开始"→"段落"选项组中的"项目符号"下拉按钮,在弹出的下拉列表中任选一种项目符号,如"◆"。右击文本框,在弹出的快捷菜单中选择"设置形状格式"命令,弹出"设置形状格式"对话框,选择"文本框"选项卡单击"分栏"按钮,在弹出的"分栏"对话框中设置"数字"为"3",在"间距"文本框中输入不为 0 的任意间距值,如"1 厘米",单击"确定"按钮。

选中目录文字中的"历史沿革",右击,在弹出的快捷菜单中选择"超链接"命令,弹出"插入超链接"对话框,在"链接到:"中选择"本文档中的位置","查找范围"中选择"4.历史沿革"幻灯片,单击"确定"按钮。

采用同样方法,为每项目录文字添加超链接,令其分别链接到本文档中相应的幻灯片。第 3 张幻灯片做好后的效果如图 4-5 所示。

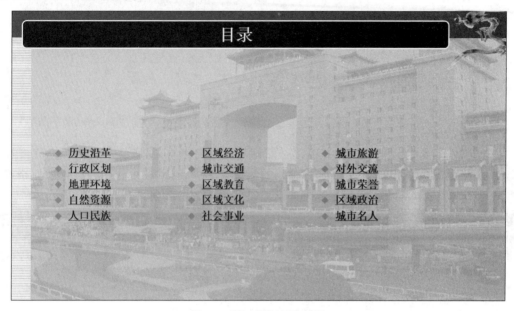

图 4-5　第 3 张幻灯片效果

4）设置图片样式和艺术效果

选中第 5 张幻灯片,单击右侧内容占位符中的"插入来自文件的图片"按钮,在打开的"插入图片"对话框中,选择素材文件夹下的"行政区划图.jpg",单击"插入"按钮,适当调整图片大小。

选中图片,在"图片工具|格式"选项卡→"图片样式"选项组中任选一种图片样式,如"圆形对角,白色";单击"调整"选项组中的"艺术效果"下拉按钮,在弹出的下拉列表中任选一种艺术效果,如"十字图案蚀刻"。第 5 张幻灯片做好后的效果如图 4-6 所示。

【任务 5】　插入对象——SmartArt 图形、表格。

【要求】

（1）在第 2 张幻灯片中,将素材中的表格复制到内容框中,要求保留原表格的格式。

（2）参考素材图片"城市荣誉图示例.jpg"的效果,将第 16 张幻灯片中的文本转换为"分离射线"布局的 SmartArt 图形并进行适当设计,要求：

① 以图片"水墨山水.jpg"为中间图形的背景。

② 更改 SmartArt 颜色及样式,并调整图形中文本的字体、字号和颜色,以与之适应。

③ 将四周的图形形状更改为云形。

插入 SmartArt
图形、表格

演示文稿制作

图 4-6 第 5 张幻灯片效果

【操作步骤】

1）插入表格

打开"PPT 素材.docx"文档，找到第 2 张幻灯片中的表格，复制整个表格。切换到第 2 张幻灯片，定位插入表格位置，右击，在弹出的快捷菜单中选择"粘贴选项"→"保留原格式"命令，适当调整表格大小。做好后效果如图 4-7 所示。

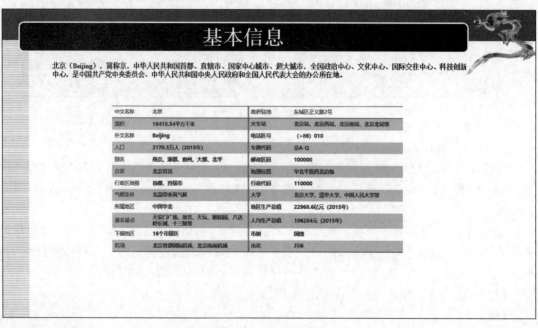

图 4-7 第 2 张幻灯片效果

2）文本转换为 SmartArt 图形

（1）选中第 16 张幻灯片，光标切换至内容占位符中第 1 段开头，输入文字"北京"，按 Enter 键。选中从第 2 段开始的所有文字，按 Tab 键，将从第 2 段开始的所有文字提高（右缩进）一个级别。选中文本框中的所有文字，右击，从弹出的快捷菜单中选择"转换为

SmartArt"→"其他 SmartArt 图形"命令,弹出"选择 SmartArt 图形"对话框,选择"循环"→"分离射线",单击"确定"按钮。

(2) 选中 SmartArt 图形中间的形状元素,单击"SmartArt 工具|格式"选项卡→"形状样式"选项组中的"形状填充"下拉按钮,在弹出的下拉列表中选择"图片",打开"插入图片"对话框中选择"从文件"浏览,找到素材文件夹中的"水墨山水.jpg",单击"插入"按钮,适当调整形状大小。

(3) 选中 SmartArt 图形,单击"SmartArt 工具|设计"选项卡→"SmartArt 样式"选项组中的"更改颜色"下拉按钮,在弹出的下拉列表中选择"彩色-个性色"。在快速样式列表中任选一种样式,如"卡通"。选中 SmartArt 图形,在"开始"选项卡→"字体"选项组中适当设置字体格式,如设置字体为"微软雅黑",字体颜色为"黑色,文字 1"。选中中间形状元素的文字"北京",设置文字颜色为标准色的"红色"。

(4) 选中 SmartArt 图形,选择其中一个位于四周的图形元素,按住 Shift 键,依次选择其他图形元素,使同时选中所有四周的图形元素。单击"SmartArt 工具|格式"选项卡→"形状"选项组中的"更改形状"下拉按钮,在弹出的下拉列表中选择基本形状中的"云形"。第 16 张幻灯片做好后效果如图 4-8 所示。

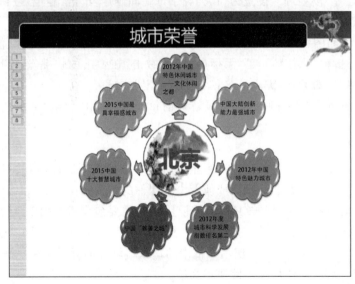

图 4-8　第 16 张幻灯片效果

【任务 6】　设置幻灯片分节与切换方式。

【要求】

设置分节与切换方式

(1) 插入演示文稿"结束片.pptx"中的幻灯片作为第 19 张幻灯片,要求保留原设计主题与格式;为其中的艺术字"北京欢迎你!"添加按段落、自底部逐字"飞入"的动画效果,要求字与字之间延迟时间 100%。

(2) 依据幻灯片顺序,将演示文稿分为 4 节,节名分别为"主页""目录""简介""结束页"(表 4-1),并对不同节设置幻灯片切换效果。

第 4 章

演示文稿制作

表 4-1　幻灯片节与切换方式要求

节　名　称	包含的幻灯片页	切换方式
主页	第 1~2 张	淡出
目录	第 3 张	形状
简介	第 4~18 张	百叶窗
结束页	第 19 张	随机线条

【操作步骤】

1) 插入其他演示文稿中的幻灯片并设置动画效果

打开素材文件夹中的"结束片.pptx",在左侧缩略图窗格中选中唯一的一张幻灯片,按 Ctrl+C 组合键。切换到"首都北京.pptx"文档,在左侧缩略图窗格中,将光标定位在最后一张幻灯片后面的空白处,右击,在弹出的快捷菜单中,选择"粘贴选项"→"保留源格式"命令。

选中这张幻灯片中的艺术字"北京欢迎你!",单击"动画"选项卡→"动画"选项组中的"进入"→"飞入"动画效果,在"效果选项"下拉列表中选择"自底部"。在动画窗格中,在"北京欢迎你"下拉列表中选择"效果选项",弹出"飞入"对话框,选择"效果"选项卡,在"动画文本"下拉列表中选择"按字母",设置为"100"%字母之间延迟,单击"确定"按钮。

2) 设置分节、切换方式

(1) 在左侧缩略图窗格中,依次在第 1、3、4、19 张幻灯片上方光标闪烁位置右击,在弹出的快捷菜单中选择"新增节",在"无标题节"处右击,在弹出的快捷菜单中选择"重命名节",弹出"重命名节"对话框,编辑节名称,单击"确定"按钮。

(2) 在左侧缩略图窗格中依次选中设置好的每一节,利用"切换"菜单选择对应的切换方式。

3. 实验作业

培训部会计师正在准备有关高新技术企业科技政策的培训课件,相关资料存放在素材文件夹中。按下列要求帮助会计师完成演示文稿课件的整合制作。

(1) 在演示文稿中插入 38 张幻灯片,该演示文稿需要包含素材"PPT 素材.docx"中的所有内容,每一张幻灯片对应 Word 文档中的一页,其中 Word 文档中应用了"标题 1""标题 2""标题 3"样式的文本内容分别对应演示文稿中的每张幻灯片的标题文字、第一级文本内容、第二级文本内容。后续操作均基于此演示文稿。

(2) 将第 1 张幻灯片的版式设为"标题幻灯片",在该幻灯片的右下角插入任意一幅剪贴画,参照素材中的样张 1 依次输入标题、副标题,并为新插入的剪贴画设置"浮入-下浮",将副标题设置为一个对象发送自底部飞入,标题设置为轮子-1 轮辐图案动画效果,指定动画出现顺序为剪贴画、副标题、标题。

(3) 将第 2 张幻灯片的版式设为"两栏内容",参考素材"PPT 素材.docx"第 2 页中的图片,将文本置于左右两栏文本框中,并参照素材中的样张分别依次转换为"垂直框列表""彩色-强调文字颜色""射线维恩图""彩色范围-强调文字颜色 5-6""卡通样式"的 SmartArt 图形。分别将文本"高新技术企业认定"和"技术合同登记"链接到对应标题名的幻灯片。

(4) 将第 3 张幻灯片中的第 2 段文本向右缩进一级,用标准红色字体显示,并为其中的网址增加正确的超链接,使其链接到相应的网站。要求超链接颜色未访问前保持标准红色,访问后变为标准蓝色。为本张幻灯片的标题设置"浮入-上浮",为文本内容设置"劈裂""整批发送"动画效果,并令正文文本内容按第二级段落、伴随着"锤打"声逐段显示。

(5) 将第 6 张幻灯片的版式设为"标题和内容",参照素材文档"PPT 素材.docx"第 6 页中的表格样例将相应内容(可适当增删)添加到表格中,为该表格添加擦除动画效果。将第 11 张幻灯片的版式设为"内容与标题",将素材文件"Pic1.png"插入右侧的内容区中。

(6) 在每张幻灯片的左上角添加事务所的标志为素材图片 Logo.jpg,设置其位于最底层,以免遮挡标题文字。除标题幻灯片外,其他幻灯片均包含幻灯片编号、自动更新日期、日期格式为×××年××月××日。

(7) 将演示文稿按表 4-2 所示要求分为 6 节,分别为每节应用不同的设计主题和幻灯片切换方式。

表 4-2　幻灯片节、主题切换方式要求

节　名　称	包含的幻灯片	主　题	切　换　方　式
高新科技政策简介	1～3	暗香扑面	淡出
高新技术企业认定	4～12	奥斯汀	分割
技术先进型服务企业认定	13～19	跋涉	显示
研发经费加计扣除	20～24	波形	随机线条
技术合同登记	25～32	顶峰	揭开
其他政策	33～38	沉稳	形状

实验 4-2　综合应用——制作相册

1. 实验目的

掌握制作相册的方法。

2. 实验示例

校摄影社团在今年的摄影比赛结束后,希望可以借助 PowerPoint 将优秀作品在社团活动中进行展示。这些优秀的摄影作品详见素材文件,并以 Photo(1).jpg～Photo(12).jpg 命名。

【任务 1】 制作相册——创建相册。

【要求】

(1) 利用 PowerPoint 应用程序创建一个相册,包含 Photo(1).jpg～Photo(12).jpg 共 12 幅摄影作品。每张幻灯片中包含 4 张图片,并将每幅图片设置为"居中矩形阴影"相框形状。

(2) 设置相册主题为素材文件夹中的"相册主题.pptx"样式。

(3) 在标题幻灯片后插入一张新的幻灯片,将该幻灯片设置为"标题和内容"版式。在该幻灯片的标题位置输入文字"摄影社团优秀作品赏析";在该幻灯片的内容文本框中输入 3 行文字,分别为"湖光春色""冰消雪融""田园风光"。

【操作步骤】

1) 创建相册

(1) 打开 PowerPoint 2016 应用程序,单击"插入"选项卡→"图像"选项组中的"相册"下

创建相册

拉按钮,在弹出的下拉列表中选择"新建相册",弹出"相册"对话框,单击"文件/磁盘"按钮,弹出"插入新图片"对话框,选择素材文件夹中的 12 张图片,单击"插入"按钮,如图 4-9 所示。

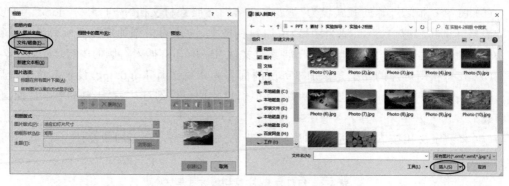

图 4-9　插入图片

(2) 返回"相册"对话框,在"相册版式"选项组中的"图片版式"下拉列表中选择"4 张图片",单击"创建"按钮,如图 4-10 所示。

(3) 依次选中每张图片,右击,在弹出的快捷菜单中选择"设置对象格式"命令,弹出"设置图片格式"对话框,选择"阴影"选项卡,选择"预设"下拉列表中的"内部居中",单击"关闭"按钮,如图 4-11 所示。

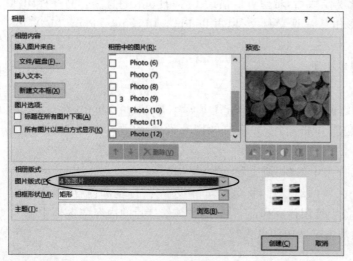

图 4-10　创建相册

图 4-11　设置图片格式

2）设置幻灯片主题

单击"设计"选项卡→"主题"选项组中的"其他"按钮，展开所有主题，选择"浏览主题"命令，弹出"选择主题或主题文档"对话框，选择素材文件夹中的"相册主题.pptx"文档，单击"应用"按钮，如图 4-12 所示。

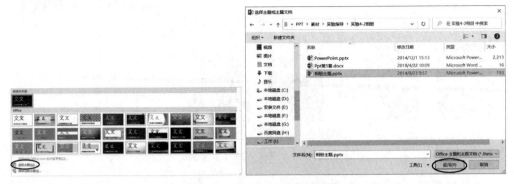

图 4-12　设置幻灯片主题

3）新建幻灯片

选中第 1 张幻灯片，单击"开始"选项卡→"幻灯片"选项组中的"新建幻灯片"按钮，在弹出的下拉列表中选择"标题和内容"版式。在该幻灯片的标题文本框中输入"摄影社团优秀作品赏析"；在内容文本框中输入 3 行文字，分别为"湖光春色""冰消雪融""田园风光"，如图 4-13 所示。

图 4-13　编辑幻灯片

【任务 2】　制作相册——插入对象。

【要求】

（1）将"湖光春色""冰消雪融""田园风光"3 行文字转换为样式为"蛇形图片重点列表"的 SmartArt 对象，并将 Photo(1).jpg、Photo(5).jpg 和 Photo(9).jpg 定义为该 SmartArt 对象的显示图片。

插入对象

（2）为 SmartArt 对象添加自左至右的"擦除"进入动画效果，要求在幻灯片放映时该 SmartArt 对象元素可以逐个显示。

（3）在 SmartArt 对象元素中添加幻灯片跳转链接，使得单击"湖光春色"标注形状可跳转至第 3 张幻灯片，单击"冰消雪融"标注形状可跳转至第 4 张幻灯片，单击"田园风光"标注形状可跳转至第 5 张幻灯片。

（4）将素材文件夹中的"ELPHRG01.wav"声音文件作为该相册的背景音乐，并在幻灯片放映时即开始播放。

（5）将该相册保存为"家乡风光.pptx"文件。完成后的演示文稿如图 4-14 所示。

【操作步骤】

1）将幻灯片中的文字转换为 SmartArt 图形

（1）选中"湖光春色""冰消雪融""田园风光"3 行文字，右击，在弹出的快捷菜单中选择"转化为 SmartArt"→"其他 SmartArt 图形"命令，弹出"选择 SmartArt 图形"对话框，选择"列表"选项卡中的"蛇形图片重点列表"，单击"确定"按钮。

演示文稿制作

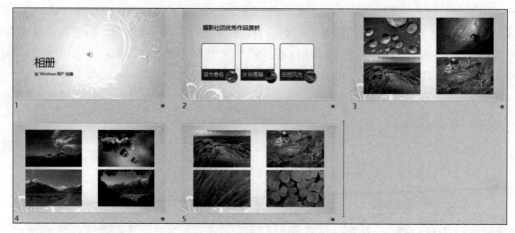

图 4-14　完成后的演示文稿

（2）在弹出的"在此处键入文字"框中双击"湖光春色"所对应的图片按钮,弹出"插入图片"对话框,在"从文件"中选择素材文件夹下的 Photo(1).jpg 图片,如图 4-15 所示。

图 4-15　文字转换为 SmartArt 图形

（3）同理,在"冰消雪融"和"田园风光"图片占位符中依次插入 Photo(5).jpg 和 Photo(9).jpg 图片。

2）设置动画效果

（1）选中 SmartArt 对象元素,单击"动画"选项卡→"动画"选项组中的"擦除"按钮。

（2）单击"动画"选项卡→"动画"选项组中的"效果选项"按钮,在弹出的下拉列表中依次选择"自左侧"和"逐个"命令,如图 4-16 所示。

3）设置 SmartArt 图形的超链接

（1）选中 SmartArt 中的"湖光春色",右击,在弹出的快捷菜单中,选择"超链接"命令,弹出"插入超链接"对话框,在"链接到:"选项组中选择"本文档中的位置"→"幻灯片 3",单击"确定"按钮,如图 4-17 所示。

（2）按照步骤(1)依次设置 SmartArt 中"冰消雪融"和"田园风光"的超链接。

4）插入背景音乐

（1）选中第 1 张主题幻灯片,单击"插入"选项卡→"媒体"选项组中的"音频"下拉按钮,在弹出的下拉列表中选择"PC 上的音频",弹出"插入音频"对话框,选择素材夹中的"ELPHRG01.wav"音频文件,单击"插入"按钮。

（2）在"音频工具|播放"选项卡→"音频选项"选项组中选中"循环播放,直到停止"和

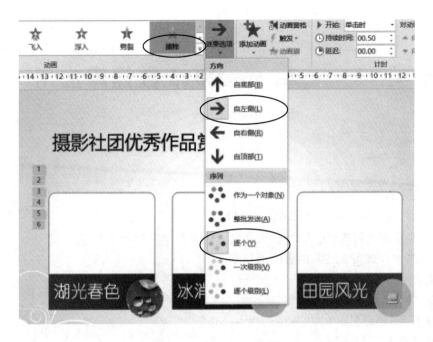

图 4-16　设置动画效果

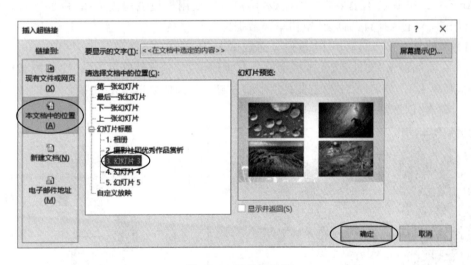

图 4-17　编辑超链接

"播完返回开头"复选框,展开"开始"下拉列表,选择"自动"。

　　5)保存演示文稿

　　选择"文件"→"另存为"命令,弹出"另存为"对话框,在对应路径中输入文件名,保存演示文稿。

3.实验作业

　　为你崭新的大学生活制作相册。

第 5 章 Access 2016 数据库应用

1. 实验目的

(1) 了解创建 Access 2016 数据库的过程。

(2) 初步掌握创建表、定义主键、建立表间关系和录入数据的方法。

(3) 初步掌握查询、窗体、报表的创建方法。

2. 实验示例

【任务 1】 创建数据库。

【要求】 创建数据库"学生成绩管理.accdb"。

【操作步骤】

Access 2016 提供了很多数据库模板,用户可以使用模板创建数据库,也可以自行创建空白数据库,这里选择自己创建"空白桌面数据库"。

(1) 启动 Access 2016,单击"空白桌面数据库"按钮。

(2) 在右侧窗格"文件名"文本框中输入数据库名"学生成绩管理"。若要更改默认的存储位置,则单击"文件名"文本框右侧的"浏览"按钮 🗁 ,选择数据库存储路径。

(3) 单击"创建"按钮,如图 5-1 所示。

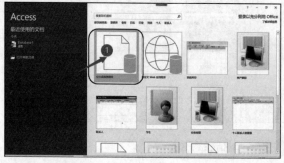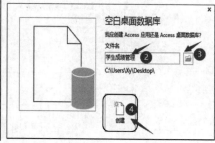

图 5-1 创建数据库

☞提示:创建一个 Access 数据库的步骤如下。

(1) 创建一个空数据库。

(2) 创建数据库中的表。

(3) 确定表的主键。

(4) 建立各表之间的关系。

(5) 录入数据。

(6) 创建其他数据库对象。

【任务 2】 创建表。

【要求】

（1）根据表 5-1～5-3 提供的表结构创建"学生信息表""课程表""成绩表"，并设置各表的主键。

表 5-1　学生信息表

字 段 名	字 段 类 型	字 段 大 小	是 否 主 键
学号	短文本	8	是
姓名	短文本	10	否
性别	短文本	1	否
出生日期	日期/时间	8（长日期）	否
政治面貌	短文本	2	否
班级	短文本	10	否
照片	OLE 对象		否

表 5-2　课程表

字 段 名	字 段 类 型	字 段 大 小	是 否 主 键
课程号	短文本	5	是
课程名	短文本	20	否
课程类别	短文本	5	否
学分	数字	字节	否

表 5-3　成绩表

字 段 名	字 段 类 型	字 段 大 小	是 否 主 键
学号	短文本	8	是
课程号	短文本	5	是
成绩	数字	单精度（小数位数为 1）	否

（2）建立表间关系。

（3）录入数据。

【操作步骤】

1）创建表结构并设置主键

（1）打开表设计视图。打开"学生成绩管理"数据库，单击"创建"选项卡→"表格"选项组中的"表设计"按钮（图 5-2），打开表设计视图。

（2）设置表中各字段的字段名和字段类型。在"字段名称"列中根据表 5-1 中的字段顺序依次输入字段的名称，在"数据类型"列选择相应的数据类型，在"说明"列中可以输入一些该字段的说明信息，在视图下方的"常规"选项卡中设置"字段"的大小、格式等，如图 5-3 所示。

（3）设置主键。选中"学号"所在行，单击"表格工具|设计"选项卡→"工具"选项组中的"主键"按钮，则"学号"字段左侧的"选择器"▢按钮上出现主键图标🔑。

☞提示：

• 还可以选中"学号"字段，右击，在弹出的快捷菜单中选择

图 5-2　单击"表设计"按钮

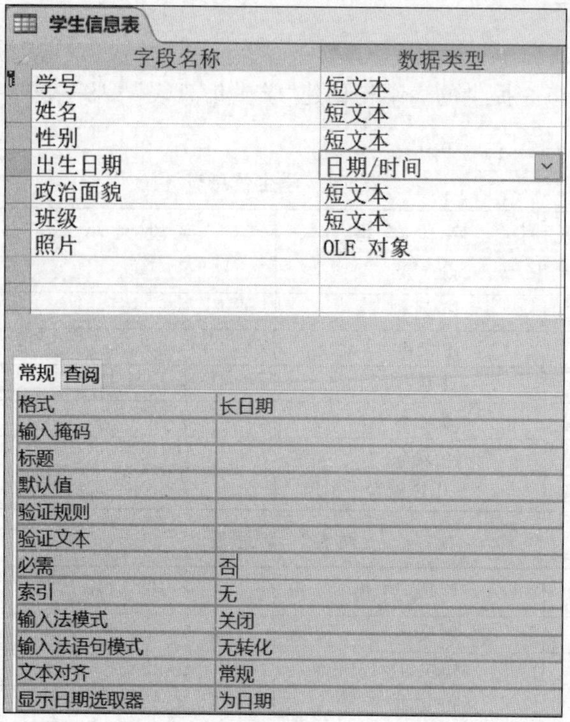

图 5-3　"学生信息表"设计视图

"主键"命令。

- 一个表只能定义一个主键,主键可由表中的一个或多个字段组成。如果多个字段做主键,则需按住 Ctrl 键,依次单击作为主键的字段,然后单击"主键"按钮。

(4) 保存表。单击"保存"按钮 🔲,在弹出的对话框中选择保存位置,将表保存为"学生信息表"。

(5) 用类似的方法创建"课程表"和"成绩表"。

此外,如果表结构发生变化,还可以在表的设计视图中根据需求修改表结构。

2) 建立表间关系

根据数据库的逻辑结构设计创建各表之间的关系,如表 5-4 所示。

表 5-4　表间关系

主　表	从　表	关系类型	关联字段
学生信息表	成绩表	一对多	学号
课程表	成绩表	一对多	课程号

下面以创建"学生信息表"和"成绩表"之间的关系为例进行介绍。

(1) 单击"数据库工具"选项卡→"关系"选项组中的"关系"按钮,弹出"显示表"对话框,如图 5-4 所示。

☞提示:如果数据库中尚未定义任何关系,系统会自动弹出"显示表"对话框;如果需要添加表,而"显示表"对话框未弹出,则在"关系"窗口空白处右击,在弹出的快捷菜单中选择"显示表"命令。

(2) 选择"显示表"对话框中的"表"选项卡,双击要建立关系的"学生信息表"和"成绩表",将其添加到"关系"窗口,关闭"显示表"对话框。

☞提示:在"关系"窗口中添加表,也可以在"显示表"对话框中先选择表,然后单击"添加"按钮实现。

(3)在"关系"窗口中拖动"学生信息表"中的"学号"字段到"成绩表"中的"学号"字段,弹出"编辑关系"对话框,如图5-5所示,选中"实施参照完整性"复选框,单击"创建"按钮,完成关系的建立。

返回"关系"窗口,可以看到两个表之间出现了一条关系联线,并注明是一对多的关系。同理,创建"成绩表"和"课程表"之间的关系,如图5-6所示。

图5-4 "显示表"对话框

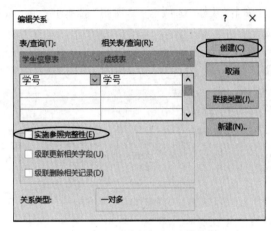

图5-5 "编辑关系"对话框

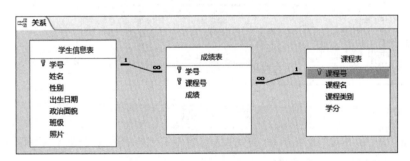

图5-6 "关系"窗口

(4)单击"保存"按钮💾,保存关系。

3)录入数据

在数据库左侧"所有对象"窗格中选择相应的表,双击,打开表,根据素材"学生信息表.xlsx""成绩表.xlsx""课程表.xlsx"中的数据在"数据表视图"中输入数据。

☞提示:对于大量数据录入,还可通过导入"外部数据"方法实现,外部数据可以是文本文件、电子表格文件、数据库文件等。

【任务3】 创建查询。

【要求】 查询所有学生的高等数学成绩,显示学生的"学号""姓名""课程名""成绩",并按成绩降序排序,将查询结果保存为"高数成绩"。

【操作步骤】

(1) 打开查询设计视图。单击"创建"选项卡→"查询"选项组中的"查询设计"按钮,打开查询设计视图,弹出"显示表"对话框。

(2) 选择数据源。双击数据源"学生信息表""课程表""成绩表",将其添加到查询设计视图中,关闭"显示表"对话框。

(3) 选择字段。在查询设计视图中,分别双击"学生信息表"的"学号""姓名"字段、"课程表"的"课程名"字段和"成绩表"的"成绩"字段,将其添加到视图下方 QBE 网格的字段行,如图 5-7 所示。

(4) 输入条件。在 QBE 网络中,在"课程名"字段的"条件"行输入"高等数学",在"成绩"字段的"排序"行选择"降序"。

(5) 查看查询结果。单击"开始"选项卡→"视图"选项组中的"数据表视图"按钮 ▦,查看查询结果,如图 5-8 所示。

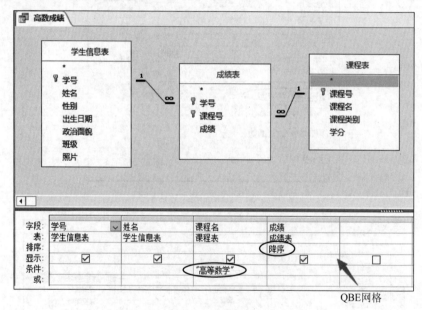

图 5-7　查询设计视图

☞提示:单击"开始"选项卡→"视图"选项组中的"设计视图"按钮 ◣,可以从数据表视图返回查询设计视图,以便修改查询。

(6) 保存。单击"保存"按钮,将查询保存为"高数成绩"。

☞提示:可以单击"开始"选项卡→"视图"选项组中的"SQL 视图"按钮,查看此查询的SQL 语句,如图 5-9 所示。

【任务 4】　创建窗体。

【要求】　使用窗体向导创建包含"课程号""课程名""课程类别""学分"字段的"课程信息"窗体。

【操作步骤】

(1) 选择数据源。单击"创建"选项卡→"窗体"选项组中的"窗体向导"按钮,弹出"窗体

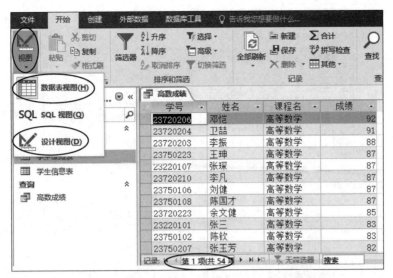

图 5-8　查询结果

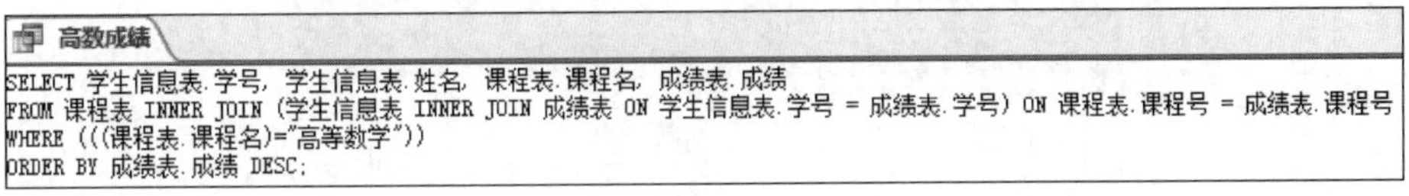

SELECT 学生信息表.学号, 学生信息表.姓名, 课程表.课程名, 成绩表.成绩
FROM 课程表 INNER JOIN (学生信息表 INNER JOIN 成绩表 ON 学生信息表.学号 = 成绩表.学号) ON 课程表.课程号 = 成绩表.课程号
WHERE (((课程表.课程名)="高等数学"))
ORDER BY 成绩表.成绩 DESC;

图 5-9　SQL 语句

向导"对话框,在"表/查询"列表框中选择"表：课程表"作为窗体数据源。单击 >> 按钮,将该表字段全部移到"选定字段"列表框中,如图 5-10 所示,单击"下一步"按钮。

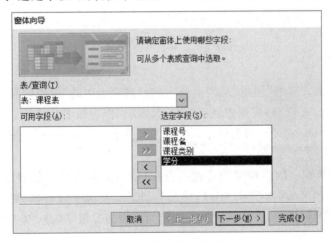

图 5-10　"窗体向导"对话框(1)

(2) 设置窗体布局,保存窗体。在"窗体向导"对话框中选择"纵栏表"布局(图 5-11),单击"下一步"按钮,输入窗体标题"课程信息",单击"完成"按钮,新创建的"课程信息"窗体如图 5-12 所示。

【任务 5】　创建报表。

【要求】　以"成绩表"为数据源,使用报表向导创建名为"课程成绩分析"的报表,按课程号进行分组,统计出每门课程的最高分、最低分和平均分。

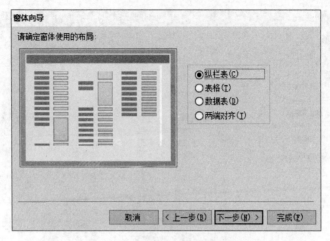

图 5-11 "窗体向导"对话框(2)

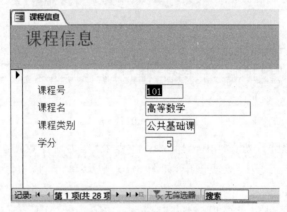

图 5-12 "课程信息"窗体

【操作步骤】

(1) 选择数据源。单击"创建"选项卡→"报表"选项组中的"报表向导"按钮,弹出"报表向导"对话框,在"表/查询"列表框中选择"表:成绩表"作为报表数据源。单击 》 按钮,将该表字段全部移到"选定字段"列表框中,如图 5-13 所示,单击"下一步"按钮,进入分组级别界面。

(2) 设置分组级别。因为按课程号进行分组,所以需要将默认的分组级别"学号"改为"课程号"。选择右侧区域的"学号"字段,单击 ‹ 按钮,将该字段移动到左侧待选框中;选择待选框中的"课程号"字段,单击 › 按钮,选定为报表的分组字段。单击"下一步"按钮,如图 5-14 所示。

(3) 设置汇总方式。选择"成绩"为降序排序字段,如图 5-15 所示,单击"汇总选项"按钮,弹出"汇总选项"对话框,选中"平均""最小""最大"复选框,在"显示"选项组中选中"仅汇总"单选按钮,如图 5-16 所示。单击"确定"按钮,关闭该对话框,返回图 5-15 所示向导,单击"下一步"按钮。

(4) 设置布局方式。选择"递阶"布局方式,纸张方向为"纵向",如图 5-17 所示,单击"下一步"按钮。

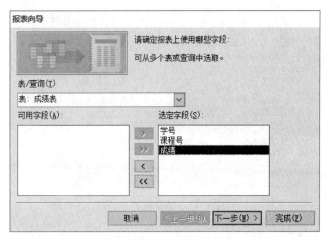

图 5-13 "报表向导"对话框

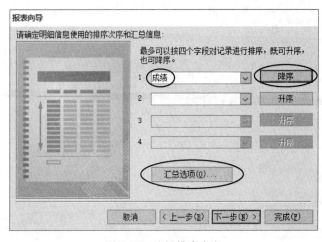

图 5-14 设置分组字段

图 5-15 选择排序字段

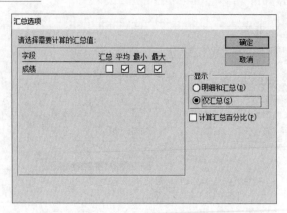

图 5-16　设置汇总方式

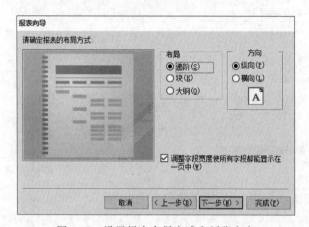

图 5-17　设置报表布局方式和纸张方向

（5）输入报表标题，保存报表。在报表向导的最后一个对话框中输入报表标题"课程成绩分析"，如图 5-18 所示。单击"完成"按钮，预览报表，结果如图 5-19 所示。

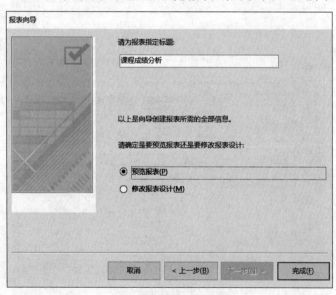

图 5-18　指定报表标题

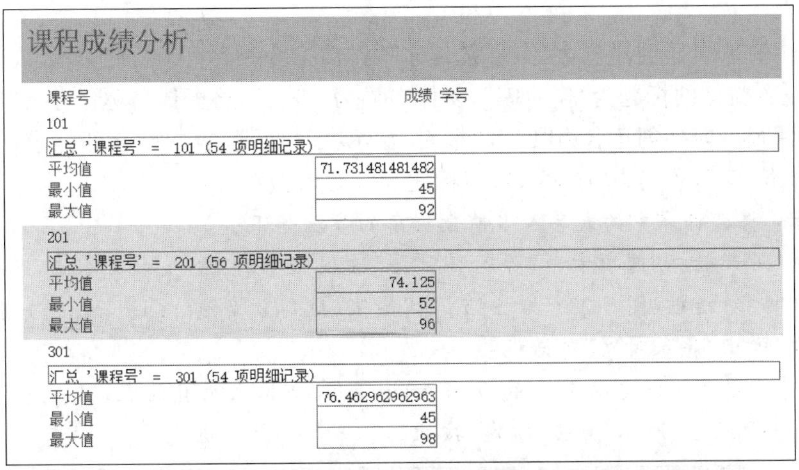

図 5-19 報表預覧結果

（6）単击窗口右上角的"关闭"按钮。

3．实验作业

以下操作均在给定素材"唱片信息.accdb"数据库中进行。

1）基本操作

（1）将"CD.accdb"数据库中的"类型"及"出版单位"表导入当前数据库中。

（2）在数据库中建立一个新表，表名为"作曲家"，表结构如表 5-5 所示。

表 5-5　作曲家表结构

字 段 名 称	数 据 类 型	字 段 大 小
作曲家 ID	数字	长整型
作曲家名称	短文本	10
作曲家介绍	短文本	30
年代	日期/时间	

（3）分析"作曲家"表的字段构成，判断并设置主键。

（4）对"作曲家"表进行如下设置。

① 设置"作曲家名称"字段为必填字段。

② 设置"年代"字段的格式为"长日期"。

（5）将表 5-6 所示数据输入"作曲家"表中。

表 5-6　作曲家表数据

作曲家 ID	作曲家名称	作曲家介绍	年　　代
2	冼星海	黄河	1935 年 4 月 23 日
1	聂耳	国歌作曲者	1945 年 4 月 23 日

（6）对主表"出版单位"与相关表"CD 收藏"、主表"类型"与相关表"CD 收藏"建立关系，表间均实施参照完整性。

2）简单应用

（1）建立一个名为"Q1"的查询，查找价格超过 100 元（包括 100 元）的 CD 记录，数据来源为"CD 收藏""出版单位"表，显示"CDID""主题名称""购买日期""介绍""价格""出版单位名称"。

(2) 使用窗体向导创建包含"作曲家名称""作曲家介绍""年代"的窗体,数据来源为表"作曲家",设置窗体的标题为"作曲家",窗体布局为"表格",将窗体名称保存为"W1"。

(3) 使用报表向导创建名为"P1"的报表,显示"CD 收藏"表中的全部记录,设置分组级别为"出版单位 ID",布局为"递阶",报表标题为"CD 收藏"。

☞提示:将数据库中的表导入当前数据库的步骤如下。

- 单击"外部数据"选项卡→"导入并链接"选项组中的"Access" 📄 按钮,弹出"获取外部数据"对话框(图 5-20),单击"浏览"按钮,找到数据源("CD. accdb"),单击"确定"按钮,弹出"导入对象"对话框。
- 在"表"选项卡中选择需要的数据表(如果需要导入所有的表,可以单击"全选"按钮),如图 5-21 所示,单击"确定"按钮。

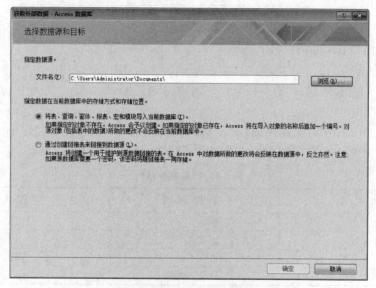

图 5-20　选择导入的数据源

图 5-21　选择导入的表

第6章 计算机网络实验

实验 6-1 网络配置的查看与设置

1. 实验目的

(1) 掌握使用 ipconfig 命令查看本机网络设置的方法。

(2) 能够使用 ping 命令检查网络连接。

(3) 学会设置本机网络 IP 地址、子网掩码、DNS 等网络配置。

(4) 了解创建对等网的方法,尝试创建小型对等网。

2. 实验示例

【任务 1】 使用命令 ipconfig 查看网络配置。

使用 ipconfig 命令

【操作步骤】

(1) 右击"开始 ⊞"图标,在弹出的快捷菜单中选择"运行"命令,弹出"运行"对话框,在"打开"文本框中输入 cmd,如图 6-1 所示,按 Enter 键,进入 cmd 运行窗口界面。

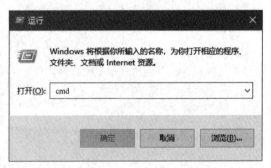

图 6-1 运行 cmd 命令

(2) 在路径后的光标处输入命令"ipconfig",按 Enter 键。

(3) 在输出结果中查看本机 IP 地址,如图 6-2 所示。

(4) 使用 ipconfig/all 命令可查看更多网络配置信息,如图 6-3 所示。

【任务 2】 使用 ping 命令测试网络连接情况。

【操作步骤】

在 cmd 运行窗口光标处输入 ping 命令,检查网络连通性,如图 6-4 所示。

(1) 查看本机的网络设置是否正常有以下 3 种方法。

① ping 127.0.0.1。

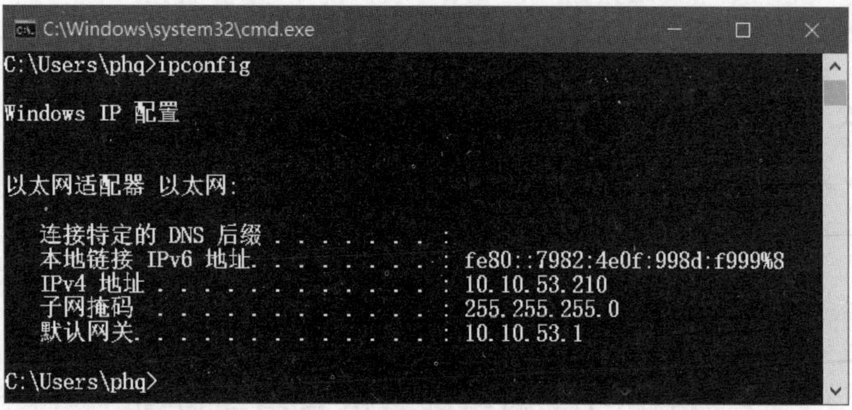

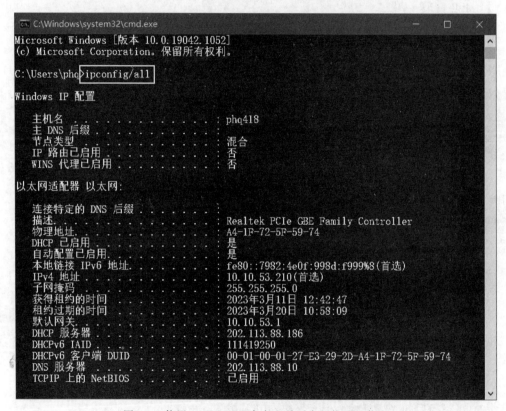

图 6-2 使用 ipconfig 命令查看本机 IP 地址

图 6-3 使用 ipconfig/all 命令查看更多网络配置信息

② ping 本机 IP 地址(如 10.10.53.210)。

③ ping localhost。

(2) 查看能否连接 Internet 有以下两种方法。

① ping www.baidu.com。

② ping 110.242.68.4(百度主页)。

(3) 拔掉网线,再次使用 ping 命令测试本机地址(如 10.10.53.210),查看显示结果。

【任务 3】 设置计算机网络配置参数(IP 地址、子网掩码、网关、DNS 服务器等)。

```
C:\Windows\system32\cmd.exe                              —    □    ×

C:\Users\pho>ping 10.10.53.210

正在 Ping 10.10.53.210 具有 32 字节的数据:
来自 10.10.53.210 的回复: 字节=32 时间<1ms TTL=128
来自 10.10.53.210 的回复: 字节=32 时间<1ms TTL=128
来自 10.10.53.210 的回复: 字节=32 时间<1ms TTL=128
来自 10.10.53.210 的回复: 字节=32 时间<1ms TTL=128

10.10.53.210 的 Ping 统计信息:
    数据包: 已发送 = 4, 已接收 = 4, 丢失 = 0 (0% 丢失),
往返行程的估计时间(以毫秒为单位):
    最短 = 0ms, 最长 = 0ms, 平均 = 0ms
```

图 6-4　使用 ping 命令查看网络连接情况

【操作步骤】

（1）单击任务栏右侧的网络图标▥，在弹出的小窗口中单击"网络和 Internet 设置"超链接，系统会打开网络设置窗口，如图 6-5 所示。

设置 IP 地址

图 6-5　网络设置窗口

（2）单击"更改适配器选项"超链接，打开"网络连接"窗口，如图 6-6 所示。

图 6-6　"网络连接"窗口

（3）右击"以太网"，在弹出的快捷菜单中选择"属性"命令，弹出"以太网 属性"对话框，如图 6-7 所示。

（4）配置 IPv4 地址。选中"Internet 协议版本（TCP/IPv4）"复选框，单击"属性"按钮，弹出"Internet 协议版本 4（TCP/IP）属性"对话框，如图 6-8 所示。

若配置固定 IP 地址，则选中"使用下面的 IP 地址"单选按钮，并输入相应的 IP 地址、子

111

第 6 章

计算机网络实验

图 6-7 "以太网 属性"对话框

网掩码、默认网关等信息;若让系统自动在局域网中分配 IP 地址,则选中"自动获得 IP 地址"和"自动获得 DNS 服务器地址"单选按钮,单击"确定"按钮。

图 6-8 中的设置说明如下。

① IP 地址:局域网中同一网段的计算机 IP 地址不管设置为私有 IP 还是固定 IP,每一台计算机的 IP 地址应是唯一的。IP 地址"222.30.71.199"是一个 C 类地址,表示该局域网的网络地址为"222.30.71",该计算机的主机号是"199"。

② 子网掩码:局域网中 C 类地址的子网掩码一般设置为 255.255.255.0。

③ 默认网关和 DNS 服务器:如果本地计算机需要通过其他计算机访问 Internet,需要将默认网关和 DNS 服务器设置为代理服务器的 IP 地址。

【任务 4】 建立小型对等网。

【要求】 可以将一个宿舍内的多台机器用网线连接,创建一个小型对等网络。对等网络可以提供以下服务。

(1) 网络中的所有计算机共享 Internet 连接。

(2) 处理存储在网络中其他计算机上的文件。

(3) 所有计算机共享打印机。

【操作步骤】

1) 硬件连接

准备以下设备:一根足够长的 RJ-45 双绞线,一把网线钳,一台网线测试仪,几个水晶头。多机互联还需要准备一个交换机或路由器。

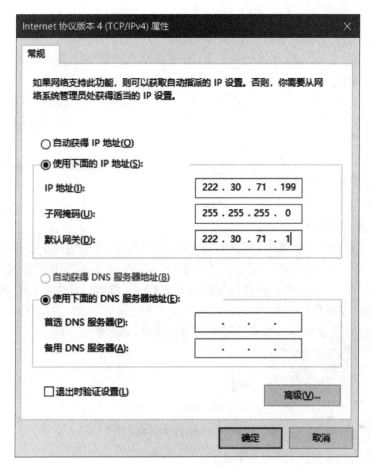

图 6-8 "Internet 协议版本 4(TCP/TPv4)属性"对话框

(1) 双机互连。两台计算机互连,最简单的方法是使用双绞线将双方网卡直接连接起来,如图 6-9 所示。将一头网线的线序按照 TIA/EIA 568A 标准排列,另一头按照 TIA/EIA 568B 标准排列。

(2) 多机互联。多台计算机互连,需要将每台计算机连接到同一个交换机,如图 6-10 所示。如果需要连接 Internet,则需要一台路由器和交换机连接起来,同时将外部光纤连接路由器即可。多机互联的网线两端线序必须相同,同为 TIA/EIA 568A 标准或同为 TIA/EIA 568B 标准。

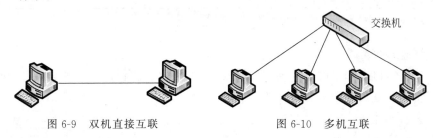

图 6-9 双机直接互联   图 6-10 多机互联

网线制作步骤如下。

① 用网线钳将双绞线两头除掉 3~4cm 的外皮,露出里面的网线。

② 排线方法有两种。TIA/EIA 568A 线序：绿白、绿、橙白、蓝、蓝白、橙、棕白、棕。
TIA/EIA 568B 线序：橙白、橙、绿白、蓝、蓝白、绿、棕白、棕。

③ 将排好序的双绞线插入一个水晶头，尽量将网线接触到水晶头顶端，然后使用网线
钳夹紧，另一端使用同样的方法插入水晶头。

④ 使用测线仪测试后，如果仪器的灯全部是亮的，表示网线连接成功，将做好的网线两
端分别连接到两台计算机的网卡中。

2）网络连接配置

网线连接成功后，进入 Windows 操作系统的"网络和共享中心"，设置每台计算机的 IP
地址和子网掩码。IP 地址设置成私有 IP，如 192.168.0.1～192.168.0.255 地址段；子网
掩码设置为 255.255.255.0，设置方法请参看任务 3。

3）设置工作组和计算机标识

为了使网络上的计算机能互相访问，需要将这些计算机设置为一个工作组，并使每台计
算机都有唯一的名称进行标识。其设置方法如下：右击"此电脑"图标，在弹出的快捷菜单
中选择"属性"命令，打开计算机属性设置窗口，如图 6-11 所示。单击窗口右侧"高级系统设
置"超链接，弹出"系统属性"对话框，选择"计算机名"选项卡，单击"更改"按钮，在弹出的"计
算机名/域更改"对话框中即可修改计算机名和工作组，如图 6-12 所示。

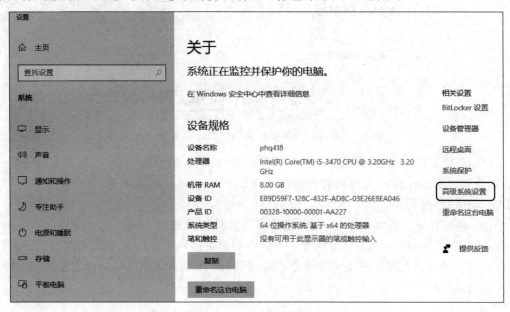

图 6-11　系统属性设置窗口

4）网络连通性测试

局域网配置好后，如果网络连通，计算机之间就可以互相访问了。通常使用 ping 命令
测试网络连通性，使用方法请参看任务 1，ping 命令格式为"ping 10.10.53.10"（目标计算机
的 IP 地址）。

5）设置网络共享资源

为本机的文件夹设置共享功能，网络中的其他计算机即可查看共享文件夹。可以将文
件夹设置权限，如只允许他人查看，不能更改、不可删除等。其具体操作步骤为：右击要共

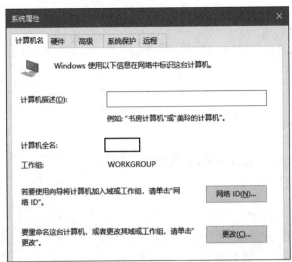

图 6-12　计算机名/域更改设置

享的文件夹/文件,在弹出的快捷菜单中选择"属性"命令,弹出属性对话框,选择"共享"选项卡,即可修改共享设置;也可以设置访问密码进行保护设置,如图 6-13 所示。

图 6-13　设置共享属性

3. 实验作业

(1) 使用 ipconfig 命令查看并填写本机的网络配置情况。

① IPv4 地址:＿＿＿＿＿＿＿＿＿＿＿＿＿＿。

② 子网掩码:＿＿＿＿＿＿＿＿＿＿＿＿＿＿。

③ 默认网关:＿＿＿＿＿＿＿＿＿＿＿＿＿＿。

④ 首选 DNS 服务器:＿＿＿＿＿＿＿＿＿＿。

⑤ 备选 DNS 服务器:＿＿＿＿＿＿＿＿＿＿。

⑥ 物理地址：_____。

(2) 按以下配置设置本机的网卡信息。

① IP 地址：192.168.1.20。

② 子网掩码：255.255.255.0。

③ 默认网关：192.168.1.1。

④ 首选 DNS：202.11.96.68。

实验 6-2　Internet 应用

1. 实验目的

(1) 掌握浏览器的基本使用方法。

(2) 熟练使用收藏夹。

(3) 掌握申请电子邮箱和收发电子邮件的方法。

(4) 能够使用 FTP 进行文件的上传和下载。

2. 实验内容

【任务 1】　使用浏览器。

【要求】　打开某个网页，完成一些实用操作，如浏览网页、保存当前网页的信息、保存图片或动画、将当前网页的地址保存到收藏夹中、使用历史记录及设置浏览器的默认打开网页等。

【操作步骤】

1) 浏览网页

打开 Windows 操作系统自带的 Microsoft Edge 浏览器，在地址栏输入一个要浏览页面的 IP 地址或域名(如 www.baidu.com)，按 Enter 键，弹出浏览页面，如图 6-14 所示。

图 6-14　百度主页

(1) 进入超链接所指向的网页。单击具有超链接的文本或图标(鼠标指针变为"小手"形),进入该超链接所指向的网页。

（2）在已经浏览过的网页之间跳转。单击工具栏中的"后退"或"前进"按钮,返回前一页或回到后一页。

2）保存网页

保存网页

要想随时查看曾经访问过的网页,最好的办法是将它们的网址保存在硬盘中。将当前网页存储到硬盘中的操作方法如下：单击浏览器菜单栏右侧的"…"图标,在弹出的下拉列表中选择"更多工具"→"将页面另存为"命令,在弹出的"另存为"对话框中(图 6-15)输入要保存的文件名,选择保存类型和保存位置,单击"保存"按钮。

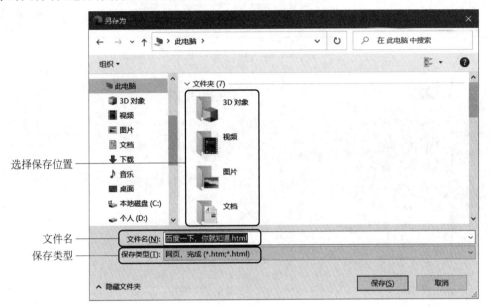

图 6-15　保存网页

3）保存图片

有时候需要保存网页中的图片,以便随时使用或查看。保存网页图片的方法如下：右击需要保存的图片,在弹出的快捷菜单中选择"图片另存为"命令,在弹出的"图片另存为"对话框中设置文件名和保存类型,选择保存位置后,单击"保存"按钮。

4）添加收藏夹

使用收藏夹

浏览 WWW 网页时,如果有需要反复访问的站点,可以把它的地址保存到收藏夹,以后再次访问该站点时,只需从收藏夹中选择即可。

其具体方法如下：单击地址栏右侧收藏夹图标 ★ ,弹出"已添加到收藏夹"对话框,如图 6-16 所示,输入一个名称或使用网页已有名称,选择收藏文件夹,单击"完成"按钮。

5）浏览器选项设置

单击浏览器地址栏右侧的"设置及其他"按钮 ••• ,在出现的设置页面中进行自定义设置,如图 6-17 所示,在设置界面可以设置浏览器的默认主页、外观颜色、历史记录等。

6）设置浏览器的默认打开网页

在设置页面(图 6-17)中选择"开始、主页和新建标签页"选项卡,窗口右侧出现该选项卡的详细设置页面,选中"Microsoft Edge 启动时"下方的"打开以下页面"单选按钮,如果浏览器未设置主页,则该选项右侧按钮为"添加新页面",如图 6-18 所示。单击该按钮,弹出

图 6-16　添加网页到收藏夹

图 6-17　浏览器选项设置

"添加新页面"对话框,输入主页 URL,单击"添加"按钮。这样,每次打开浏览器时,都会默认打开该网页。

【任务 2】　使用电子邮件。

【要求】　免费申请一个 126 邮箱,使用该邮箱收发邮件。

【操作步骤】

1) 申请免费电子邮箱

本任务以申请 126 网易免费电子邮箱为例,其他电子邮箱的申请方法类似。

(1) 进入 126 主页。在 Microsoft Edge 浏览器地址栏中输入"mail.126.com",按 Enter 键,打开图 6-19 所示网页。

(2) 创建一个新的 126 邮箱地址。单击"账号登录"功能最下方的"注册新账号"超链

图 6-18　设置浏览器默认主页

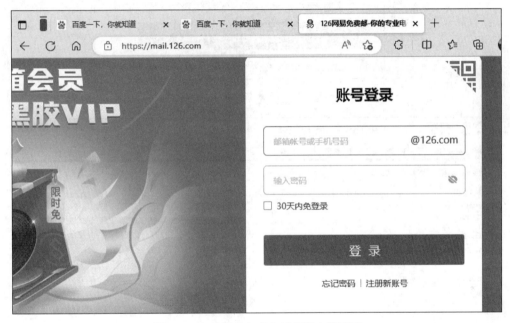

图 6-19　126 网易免费电子邮箱申请页面

接,进入图 6-20 所示界面。

（3）填写注册信息。按要求填写注册信息后,单击"立即注册"按钮。如果信息正确,会弹出"注册成功"信息。

2）收发电子邮件

（1）写邮件。在 126 邮箱的主页中输入用户所申请的电子邮箱的用户名和密码,进入邮箱。单击页面左上端的"写信"按钮,进入写信界面,如图 6-21 所示。

（2）在"收件人"文本框中输入收件人的邮箱地址。如果"收件人"需要发送多人,可以单击"添加抄送"或"添加密送"及"使用群发单显",并在"收件人"文本框中输入其他收件人的邮箱地址。如果需要发送文件,则单击"添加附件"超链接,从计算机中选择要发送的文件,单击"发送"按钮,即可将所写邮件发送到指定邮箱中。

（3）浏览邮箱中邮件的信息。单击邮箱界面左侧的"收件箱",即可显示邮箱内所有邮件的主要信息(如发信人、日期、大小、有没有附件等)。如果有附件,可直接打开或下载。

119

图 6-20　注册 126 邮箱页面

图 6-21　126 邮箱写信界面

（4）其他操作。选择某邮件后，可以执行以下操作。

① 单击"删除"按钮，可以将此邮件删除到"垃圾桶"文件夹中。

② 单击"回复"按钮，可以直接给此邮件的发件人写回信。

③ 单击"转发"按钮，可以将此邮件转发给其他人。

【任务 3】　使用 FTP 上传和下载文件。

【操作步骤】

1）登录 FTP 服务器

登录 FTP 上传、
下载文件

在资源管理器的地址栏中输入 FTP 服务器地址（如"ftp://10.1.26.2"），如图 6-22 所示，按 Enter 键，进入用户"登录身份"对话框，如图 6-23 所示。

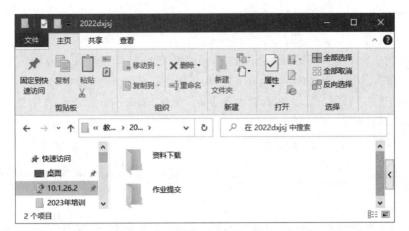

图 6-22 FTP 文件窗口

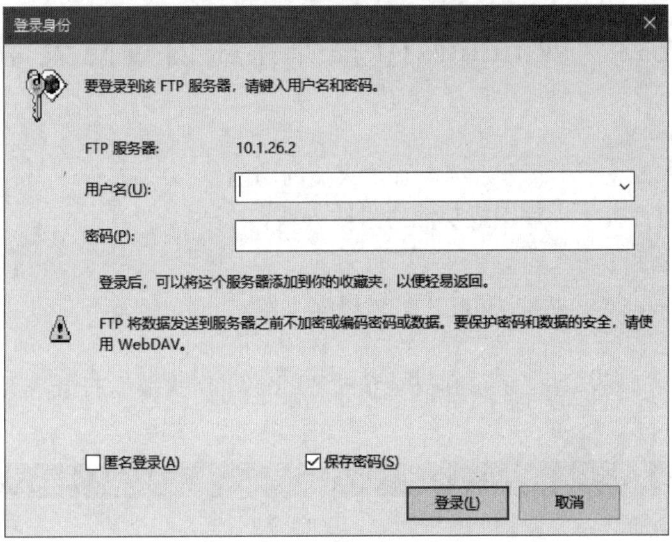

图 6-23 "登录身份"对话框

2）连接 FTP 站点

输入正确的用户名和密码，账户密码验证成功后将转到 FTP 文件资源视图。

☞提示：FTP 中的文件不能直接双击打开查看，需下载到本地才能查看。

3）下载文件

方法一：右击 FTP 窗口中要下载的文件，在弹出的快捷菜单中选择"复制到文件夹"命令，弹出"浏览文件夹"对话框，选择文件夹，单击"确定"按钮，即可完成文件下载。

方法二：选择文件或文件夹（和 Windows 文件操作相同，可以选择多个文件或文件夹），按 Ctrl+C 组合键，打开本机目标文件夹，按 Ctrl+V 组合键或右击，在弹出的快捷菜单中选择"粘贴"命令即可。

4）上传文件

上传文件的操作方法与在"此电脑"中操作完全相同，可采用以下方法实现本地文件上传到 FTP 服务器。

(1)采用直接拖动的方法将所要上传的文件拖入 FTP 文件夹窗口中。

(2)采用复制、粘贴的方法。

☞提示：对于大多数 FTP 服务器而言,用户只有拥有正确的用户名和密码,并获得相应的权限后才可进行文件上传、删除或重命名等操作。FTP 管理员在后台进行设置后,为不同的用户设置不同的权限,这些权限包括复制、删除、修改、新建文件/文件夹等。

3. 实验作业

(1)分别用网址导航、百度搜索、直接输入网址 3 种方法访问新浪网站。

(2)浏览新浪新闻、体育频道,并浏览具体内容,浏览过程中注意使用各种按钮。

(3)访问天津城建大学网站,并将主页收藏在收藏夹中。关闭浏览器后再次打开,利用藏夹访问该网站。

(4)进入天津城建大学主页,进入"校园新闻"链接页面,将"校园新闻"网页保存到 D 盘根目录下,文件名为"校园新闻",保存类型为"网页,仅 HTML"。

实验 6-3 Windows10 操作系统内置防火墙设置

1. 实验目的

(1)了解 Windows 10 操作系统内置防火墙的功能。

(2)掌握如何设置允许程序或功能通过防火墙。

2. 实验内容

【任务 1】 启用 Windows 10 操作系统内置防火墙。

【操作步骤】

(1)打开控制面板,单击"系统和安全"→"Windows 防火墙",打开 Windows 10 防火墙界面,如图 6-24 所示。

图 6-24 Windows 10 防火墙界面

(2)单击"更改通知设置"超链接,进入图 6-25 所示界面。在"家庭或工作(专用)网络位置设置"及"公用网络位置设置"选中"启用 Windows 防火墙"单选按钮,并选中"Windows 防火墙阻止新程序时通知我"复选框。这样当有新的安装程序首次运行时,防火墙能在该程序运行前通知用户是否阻止其运行,从而保证了系统的安全。

图 6-25　Windows 10 防火墙"更改通知设置"界面

【任务 2】　设置允许/禁用应用或功能通过 Windows 防火墙。

【操作步骤】

(1) 单击 Windows 10 防火墙界面(图 6-24)中的"允许应用或功能通过 Windows Defender 防火墙"超链接,进入图 6-26 所示界面。

图 6-26　允许应用和功能通过 Windows 防火墙设置界面

(2) 双击设置的应用,弹出该应用防火墙设置对话框,如图 6-27 所示。单击"网络类

计算机网络实验

型"按钮,弹出"选择网络类型"对话框,选中"专用"复选框,单击"确定"按钮。

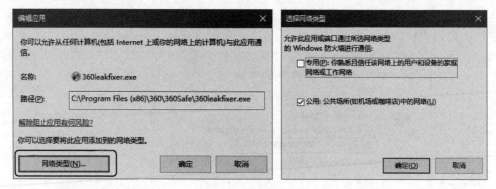

图 6-27　设置防火墙

(3) 如果要禁用某一应用,可在图 6-26 中取消勾选"允许的应用和功能"中某一应用之前的复选框。如果要删除某一应用的规则,只需单击图 6-26 中的"删除"按钮,在弹出的对话框中单击"是"按钮即可。

3. 实验作业

启动 Windows 10 内置防火墙。

实验 6-4　使用 360 安全卫士

1. 实验目的

(1) 了解 360 安全卫士软件的功能。

(2) 掌握 360 安全卫士软件的下载、安装和更新方法。

(3) 学会使用 360 安全卫士软件进行木马查杀、清理插件。

(4) 能够使用 360 安全卫士软件清理使用痕迹、查看网络连接及进程。

2. 实验内容

【任务 1】　下载并安装 360 安全卫士,并进行安全更新。

【操作步骤】

(1) 打开网页:http://www.360.cn/download/,下载后进行默认安装。

(2) 打开 360 安全卫士主界面,选择"系统·驱动"选项卡,进入系统漏洞修复界面(图 6-28)。360 安全卫士可以为系统修复高危漏洞,进行功能性更新,扫描范围包括操作系统及多种软件,如 Microsoft Office、Adobe Flash 等。

(3) 单击"一键修复"按钮。

【任务 2】　使用 360 安全卫士进行木马查杀。

【操作步骤】

(1) 打开 360 安全卫士主界面,选择"木马查杀"选项卡,进入查杀木马界面,如图 6-29 所示。

(2) 单击"快速查杀"按钮,等待程序对系统进行扫描。

(3) 扫描后,选中需要处理的内容,单击"立即处理"按钮。处理完毕后重启系统,完成修复。

图 6-28　360 安全卫士修复漏洞界面

图 6-29　360 安全卫士木马查杀界面

【任务 3】　使用 360 安全卫士清理插件。

【操作步骤】

（1）打开 360 安全卫士主界面，单击"系统·驱动"选项卡中的"常规修复"按钮。

（2）等待扫描完毕后，选中需要清理的插件，单击"立即修复"按钮。

【任务 4】 使用 360 安全卫士清理使用痕迹。

【操作步骤】

打开 360 安全卫士主界面,选择"清理加速"选项卡,单击"清理加速"按钮,如图 6-30 所示。最好开启"自动清理"功能,这样就会在系统空闲时进行自动清理。

图 6-30　360 安全卫士计算机清理界面

【任务 5】 使用 360 安全卫士查看网络连接和开机启动情况。

【操作步骤】

(1) 打开 360 安全卫士主界面,选择"网络安全"选项卡中的"流量防火墙"选项,进入 360 安全卫士流量防火墙界面,如图 6-31 所示,可以查看正在连接网络的程序。

图 6-31　360 安全卫士流量防火墙界面

（2）打开360安全卫士主界面，单击"清理加速"选项卡中的"启动项管理"按钮，进入360安全卫士开机启动项设置界面，如图6-32所示，可以查看开机自动启动的所有应用，可以将不需要开机启动的项目禁止启动，以缩短开机时间。

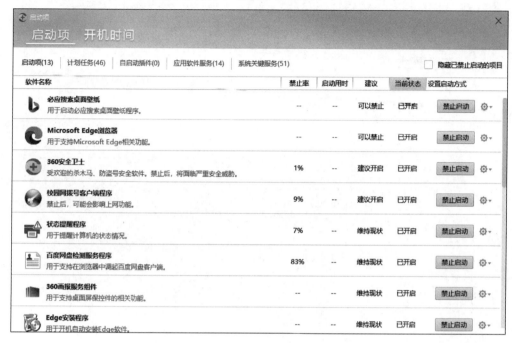

图 6-32　360 安全卫士开机启动项设置界面

3. 实验作业

在本地计算机安装 360 安全卫士并进行木马查杀。

练习与测试篇

第1章 | 计算机基础知识

一、单选题

1. 计算工具不断发展的动力是社会需求,第一台电子数字计算机 ENIAC 的产生是适应社会(　　)需求。

参考答案

  A. 农业　　　　　　B. 工业　　　　　　C. 军事　　　　　　D. 教育

2. 世界上第一台电子计算机研制成功的时间是(　　)。

  A. 1946 年　　　　B. 1947 年　　　　C. 1951 年　　　　D. 1952 年

3. 电子计算机主要是按(　　)来划分发展阶段的。

  A. 集成电路　　　B. 电子器件　　　C. 电子管　　　　D. 晶体管

4. 电子器件采用晶体管的计算机被称为(　　)。

  A. 第一代计算机　B. 第二代计算机　C. 第三代计算机　D. 第四代计算机

5. 世界上第一台电子计算机的电子器件是(　　)。

  A. 晶体管　　　　　　　　　　　B. 电子管

  C. 集成电路　　　　　　　　　　D. 大规模和超大规模集成电路

6. 从第一代计算机到第四代计算机的体系结构是相同的,都是由运算器、控制器、存储器、输入设备和输出设备构成的,称为(　　)体系结构。

  A. 比尔·盖茨　　B. 艾伦·图灵　　C. 冯·诺依曼　　D. 罗伯特·诺依斯

7. 关于电子计算机的特点,以下论述错误的是(　　)。

  A. 运行过程不能自动、连续进行,需人工干预

  B. 计算精度高

  C. 运算速度快

  D. 具有记忆和逻辑判断能力

8. 计算机辅助设计的英文缩写是(　　)。

  A. CAPP　　　　　B. CAM　　　　　C. CAI　　　　　　D. CAD

9. 计算机从规模上可分为(　　)。

  A. 科学计算、数据处理和人工智能计算机

  B. 电子模拟和电子数字计算机

  C. 巨型、大型、中型、小型和微型计算机

  D. 便携、台式和微型计算机

10. 现代集成电路使用的半导体材料通常是(　　)。

  A. 铜　　　　　　　B. 铝　　　　　　　C. 硅　　　　　　　D. 碳

11. 国产银河系列超级计算机属于(　　)。

  A. 中型机　　　　　B. 微型机　　　　　C. 小型机　　　　　D. 巨型机

12. 计算机最早应用于(　　　)。

    A. 信息处理　　　　B. 科学计算　　　　C. 自动控制　　　　D. 系统仿真

13. 办公自动化(OA)属于计算机的(　　　)应用。

    A. 辅助设计　　　　B. 人工智能　　　　C. 信息处理　　　　D. 科学计算

14. 在"人机大战"中,计算机"深蓝"战胜了国际象棋大师,这是计算机在(　　　)方面的应用。

    A. 数据处理　　　　　　　　　　B. 人工智能

    C. 过程处理　　　　　　　　　　D. 计算机辅助设计

15. 下列不属于计算机人工智能应用领域的是(　　　)。

    A. 在线订票　　　　B. 医疗诊断　　　　C. 机器翻译　　　　D. 智能机器人

16. 消费者与消费者之间通过第三方电子商务平台进行交易的电子商务模式是(　　　)。

    A. C2C　　　　　　B. O2O　　　　　　C. B2B　　　　　　D. B2C

17. 北京时间 2016 年 6 月 20 日,(　　　)是我国第一台全部采用国产处理器的世界最快的超级计算机。

    A. 神威·太湖之光 B. 天河一号　　　　C. 天河二号　　　　D. 红杉

18. 被称为计算机之父、博弈论之父的是(　　　)。

    A. 玻尔　　　　　　B. 冯·诺依曼　　　C. 图灵　　　　　　D. 薛定谔

19. 被称为计算机科学之父、人工智能之父的是(　　　)。

    A. 薛定谔　　　　　B. 冯·诺依曼　　　C. 图灵　　　　　　D. 霍金

20. 计算思维最基本的内容为(　　　)。

    A. 抽象　　　　　　B. 自动化　　　　　C. 递归　　　　　　D. A 和 B

21. 科学家(　　　)首次系统定义了计算思维。

    A. 姚期智　　　　　B. 周以真　　　　　C. 潘建伟　　　　　D. 比尔·盖茨

22. 人工智能的实际应用不包括(　　　)。

    A. 自动驾驶　　　　B. 人工客服　　　　C. 智慧生活　　　　D. 智慧医疗

23. AR 技术是指(　　　)。

    A. 虚拟现实技术　　B. 混合现实技术　　C. 增强现实技术　　D. 影像现实技术

二、填空题

1. 2002 年,中科院计算所研制成功中国第一款通用 CPU 是_____。

2. 世界上第一台电子计算机称为_____(英文简称)。

3. 第三代计算机采用的电子器件是_____。

4. 医疗诊断属于计算机在_____方面的应用。

5. VR 的中文全称为_____。

6. 运用计算机进行图书资料处理和检索,是计算机在_____方面的应用。

7. 未来新型计算机有_____、_____、_____、_____和纳米计算机。

8. _____是运用计算机科学的基础概念进行问题求解、系统设计及人类行为理解等涵盖计算机科学之广度的一系列思维活动。

第2章 | 计 算 基 础

一、单选题

1. 在计算机内部,一切信息的存取、处理和传送的形式是(   )。
   A. ASCII 码　　　　　B. BCD 码　　　　　C. 二进制数　　　　D. 十六进制数

2. 计算机内部采用二进制表示数据信息,二进制的主要优点是(   )。
   A. 容易实现　　　　　　　　　　　　B. 方便记忆
   C. 书写简单　　　　　　　　　　　　D. 符合使用的习惯

3. 二进制数 11110111 转换成十六进制数为(   )。
   A. 77　　　　　　　　B. D7　　　　　　　　C. E7　　　　　　　　D. F7

4. 十进制数 269 转换为十六进制数为(   )。
   A. 10E　　　　　　　B. 10D　　　　　　　C. 10C　　　　　　　D. 10B

5. 将十进制数 215 转换成二进制数是(   )。
   A. 11010111　　　　B. 11101010　　　　C. 1101011　　　　　D. 11010110

6. 将十进制数 215 转换成八进制数是(   )。
   A. 327　　　　　　　B. 268　　　　　　　C. 352　　　　　　　D. 326

7. 将十进制数 28.25 转换成二进制数是(   )。
   A. 1101000.25　　　B. 11100.01　　　　C. 1011100.125　　　D. 1110.5

8. 有一个数值为 152,它与十六进制数 6A 等值,则该数值是(   )。
   A. 二进制数　　　　　B. 八进制数　　　　C. 十进制数　　　　D. 四进制数

9. 在下列不同进制的 4 个数中,(   )是最小的一个数。
   A. $(45)_{10}$　　　　　B. $(57)_8$　　　　　C. $(3B)_{16}$　　　　D. $(110011)_2$

10. 二进制数 1010.101 对应的十进制数是(   )。
    A. 11.33　　　　　　B. 10.625　　　　　C. 12.755　　　　　D. 16.75

11. 已知 8 位二进制正整数是 01101011B,则其对应负数的补码表示为(   )。
    A. 10010100B　　　B. 10010101B　　　C. 11101011B　　　D. 1101011B

12. 二进制加法中,1+1+1=(   )$_2$(二进制)。
    A. 11　　　　　　　　B. 3　　　　　　　　C. 10　　　　　　　　D. 1

13. 二进制数 10011010 和 00101011 进行逻辑乘运算("与"运算)的结果是(   )。
    A. 00001010　　　　B. 10111011　　　　C. 11000101　　　　D. 11111111

14. 1 字节由 8 位二进制数组成,其最大容纳的十进制整数为(   )。
    A. 255　　　　　　　B. 233　　　　　　　C. 245　　　　　　　D. 47

15. 国际上广泛采用的美国标准信息交换码是指(   )。

A. 国标码　B. 西文字符　C. ASCII码　D. 所有字符编码

16. ASCII码是表示(　　)的代码。

A. 西文字符　B. 浮点数　C. 汉字和西文字符　D. 各种文字

17. 按对应的ASCII码值来比较,正确的结果是(　　)。

A. Q比q大　B. F比e大　C. 空格比句号大　D. 空格比Esc大

18. 小写字母a和大写字母A的ASCII码值之差为(　　)。

A. 34　B. 30　C. 32　D. 28

19. 采用16×16点阵,一个汉字的字形码占(　　)字节。

A. 16　B. 32　C. 72　D. 256

20. 汉字系统中的汉字字库里存放的是汉字的(　　)。

A. 机内码　B. 输入码　C. 字形码　D. 国标码

21. 已知英文字母m的ASCII码值是109,那么英文字母j的ASCII码值是(　　)。

A. 111　B. 105　C. 106　D. 112

22. 计算机对汉字信息的处理过程实际上是各种汉字编码间的转换过程,这些编码主要包括(　　)。

A. 汉字外码、汉字内码、汉字输出码等

B. 汉字输入码、汉字区位码、汉字国标码、汉字输出码等

C. 汉字外码、汉字内码、汉字国标码、汉字输出码等

D. 汉字输入码、汉字内码、汉字地址码、汉字字形码等

23. 下列对补码的叙述中,不正确的是(　　)。

A. 负数的补码是该数的反码最右加1

B. 负数的补码是该数的原码最右加1

C. 正数的补码就是该数的原码

D. 正数的补码就是该数的反码

24. 计算机中的一个浮点数由(　　)两部分组成。

A. 阶码和基数　B. 阶码和尾数　C. 基数和尾数　D. 整数和小数

25. 在微机中,应用最普遍的字符编码是(　　)。

A. BCD码　B. ASCII码　C. 汉字编码　D. 补码

26. 下列各叙述中,正确的是(　　)。

A. 正数二进制原码和补码相同

B. 所有的十进制小数都能准确地转换为有限的二进制小数

C. 汉字的计算机机内码就是国标码

D. 存储器具有记忆能力,其中的信息任何时候都不会丢失

27. 计算机中的机器数有3种表示方法,下列(　　)不是。

A. 反码　B. 原码　C. 补码　D. ASCII码

28. 在ASCII码表中,按照ASCII值从大到小排列顺序是(　　)。

A. 数字、英文大写字母、英文小写字母

B. 数字、英文小写字母、英文大写字母

C. 英文大写字母、英文小写字母、数字

D. 英文小写字母、英文大写字母、数字

29. 多媒体计算机必须包括的设备是(　　)。
    A. 软盘驱动器　　　B. 网卡　　　　　C. 打印机　　　　　D. 声卡

30. 下面关于声卡的叙述中，正确的是(　　)。
    A. 利用声卡只能录制人的说话声，不能录制自然界中的鸟鸣声
    B. 利用声卡可以录制 VCD 影碟中的伴音，但不能录制电视机和收音机里的声音
    C. 利用声卡可以录制 WAVE 格式的音乐，也能录制 MIDI 格式的音乐
    D. 利用声卡只能录制 WAVE 格式的音乐，不能录制 MIDI 格式的音乐

31. 下列选项中，不属于计算机多媒体的媒体类型的是(　　)。
    A. 文本　　　　　　B. 音频　　　　　C. 动画　　　　　　D. 程序

32. (　　)可以把模拟声音信号转换成数字声音信号。
    A. R/D　　　　　　B. I/O　　　　　　C. D/A　　　　　　D. A/D

33. 计算机的多媒体技术是以计算机为工具，接受、处理和显示由(　　)等表示的信息
技术。
    A. 中文、英文、日文　　　　　　　　　B. 图像、动画、声音、文字和影视
    C. 拼音码、五笔字型码　　　　　　　　D. 键盘命令、鼠标器操作

34. 以下属于多媒体技术应用范畴的是(　　)。
    A. 教育培训　　　　B. 虚拟现实　　　C. 商业服务　　　　D. 以上都对

35. 音频数字化的 3 个重要指标不包括(　　)。
    A. 采样频率　　　　B. 采样精度　　　C. 声道数　　　　　D. 采样间隔

36. 在声音的数字化过程中，采样频率越高，声音的(　　)越高。
    A. 保真度　　　　　B. 失真度　　　　C. 噪声　　　　　　D. 频率

37. 对波形声音采样频率越高，则数据量(　　)。
    A. 越大　　　　　　B. 越小　　　　　C. 恒定　　　　　　D. 不能确定

38. 频响范围是耳机的性能指标之一，好的耳机是全频的，即可以还原人耳所能听见的
所有音频，这一范围是(　　)。
    A. 20～100Hz　　　B.80～3400Hz　　C.20～20kHz　　　D. 0～20Hz

39. 1 分钟立体声、16 位采样位数、22.05kHz 采样频率声音的不压缩的数据量约
为(　　)。
    A. 42.34MB　　　　B. 2.52MB　　　　C. 21.17MB　　　　D. 5.05MB

40. 下列声音文件格式中，(　　)是波形声音文件格式。
    A. WAV　　　　　　B. CMF　　　　　C. VOC　　　　　　D. MID

41. 下列文件格式中，哪个不是图像文件的扩展名(　　)。
    A. FLC　　　　　　B. JPG　　　　　C. BMP　　　　　　D. GIF

42. 以 150dpi 扫描的一幅照片经过处理后(未改变像素数量)再以 300dpi 出图，打印出
的照片与原来的照片尺寸相比会(　　)。
    A. 变大　　　　　　B. 缩小　　　　　C. 不变　　　　　　D. 都不对

43. 用于压缩静止图像的标准是(　　)。
    A. JPEG　　　　　　B. MPFG　　　　　C. H.261　　　　　D. 以上均不能

44. 音频与视频信息在计算机内是以（　　）表示的。

    A. 模拟信息 　　　　　　　　　　　　B. 模拟信息或数字信息

    C. 数字信息 　　　　　　　　　　　　D. 某种转换公式

45. 视频文件的内容包括视频数据和（　　）数据。

    A. 音频 　　　　　　B. 视频 　　　　　　C. 动画 　　　　　　D. 图形

46. MIDI 是指（　　）。

    A. 应用程序接口 　　　　　　　　　　B. 媒体控制接口

    C. 音乐设备数字接口 　　　　　　　　D. 字符用户界面

47. 帧是视频图像或动画的（　　）组成单位。

    A. 唯一 　　　　　　B. 最小 　　　　　　C. 基本 　　　　　　D. 最大

48. 一个参数为 2 分钟、25 帧/秒、640×480 分辨率、24 位真彩色数字视频的不压缩的数据量约为（　　）。

    A. 2764.8MB 　　B. 21093.75MB 　　C. 351.56MB 　　D. 2636.72MB

49. 声音的编码过程为（　　）。

    A. 模拟信号→数字信号 　　　　　　　B. 模拟信号→采样→量化→编码

    C. 数字信号→模拟信号 　　　　　　　D. 编码→采样→量化→编码

50. 数据的（　　）是多媒体发展的一项关键技术。

    A. 编辑与播放 　　　B. 压缩及解压缩 　　C. 数字化 　　　　　D. 传播

51. 全高清视频的分辨率为 1920×1080P，一张真彩色像素的 1920×1080 BMP 数字格式图像所需存储空间是（　　）。

    A. 1.98MB 　　　B. 2.96MB 　　　　C. 5.93MB 　　　　D. 7.91MB

👉提示：一个真彩色像素需要占用 24 位（bit）存储空间。

52. 若对音频信号以 10kHz 采样率，16 位量化精度进行数字化，则每分钟的双声道数字化声音信号产生的数据量为（　　）。

    A. 1.2MB 　　　　B. 2.4MB 　　　　　C. 1.6MB 　　　　　D. 4.8MB

53. 数字媒体已经广泛使用，属于视频文件格式的是（　　）。

    A. MP3 格式 　　　B. WAV 格式 　　　C. RM 格式 　　　　D. PNG 格式

54. 在声音的数字化过程中，采样时间、采样频率、量化位数和声道数都相同的情况下，所占存储空间最大的声音文件格式是（　　）。

    A. WAV 波形文件 　　　　　　　　　B. MPEG 音频文件

    C. Realaudio 音频文件 　　　　　　　D. MIDI 电子乐器数字接口文件

55. 某 800 万像素的数码相机，拍摄照片的最高分辨率大约是（　　）。

    A. 3200×2400 　　B. 1600×1200 　　C. 1024×768 　　　D. 2048×1600

二、填空题

1. $(65.125)_{10} = ($ 　　　　　$)_2 = ($ 　　　　　$)_{16} = ($ 　　　　　$)_8$

2. $(157)_{10} = ($ 　　　　　$)_2 = ($ 　　　　　$)_{16} = ($ 　　　　　$)_8$

3. $(2DE)_{16} = ($ 　　　　　$)_2 = ($ 　　　　　$)_8$

4. $(1111101100101110)_2 = ($ 　　　　　$)_{16}$

5. 十进制小数转换为二进制小数的方法是 ＿＿＿＿＿。

6. 通常把表示一个数的所有二进制位中的_____用作符号位。

7. 同十进制数 110 等值的十六进制数是_____,二进制数是_____。

8. 在计算机系统中对有符号的数字,通常采用原码、反码和_____表示。

9. 在计算机中表示数时,小数点固定的数称为_____,小数点不固定的数称为_____。

10. 高精度 48×48 点阵汉字的字模信息需要用_____字节存储。

11. 数字化的图像包括两种,分别是_____。

12. 一幅彩色图像的像元是由_____3 种颜色组成的。

13. 图像又称为_____,是由像素点组成的。

14. 当连续的图像变化每秒超过_____帧以上画面时,人眼将无法辨别单幅的静态画面,看上去是平滑、连续的视觉效果。

15. MP3 指的是_____标准中的音频部分。

第3章 计算机硬件

参考答案

一、单选题

1. 计算机的指令主要存放在（　　）中。
   A. 存储器　　　　B. 微处理器　　　　C. CPU　　　　D. 键盘

2. 计算机系统是由（　　）组成的。
   A. 主机及外部设备　　　　　　　　B. 主机、键盘、显示器和打印机
   C. 系统软件和应用软件　　　　　　D. 硬件系统和软件系统

3. 通常将运算器和（　　）合称为中央处理器，即 CPU。
   A. 存储器　　　　B. 输入设备　　　　C. 输出设备　　　　D. 控制器

4. 计算机中的运算器（ALU）能进行（　　）运算。
   A. 算术　　　　B. 字符处理　　　　C. 逻辑　　　　D. 算术和逻辑

5. 计算机的工作原理可概括为（　　）。
   A. 程序设计　　　　　　　　　　　B. 运算和控制
   C. 执行指令　　　　　　　　　　　D. 存储程序和程序控制

6. 存储容量是按（　　）为基本单位计算的。
   A. 位　　　　B. 字节　　　　C. 字符　　　　D. 数

7. （　　）是用来存储程序及数据的装置。
   A. 控制器　　　　B. 输出设备　　　　C. 存储器　　　　D. 输入设备

8. 存储器的容量一般用 KB、MB、GB 和（　　）来表示。
   A. FB　　　　B. TB　　　　C. VB　　　　D. XB

9. 计算机运算部件一次能够处理的二进制数据的位数称为（　　）。
   A. bit　　　　B. MB　　　　C. Word　　　　D. Byte

10. 计算机中的指令由操作码和（　　）组成。
    A. 数据　　　　B. 地址码　　　　C. 代码　　　　D. 地址

11. 下列关于指令、指令系统和程序的叙述中错误的是（　　）。
    A. 指令是可被 CPU 直接执行的操作命令
    B. 指令系统是 CPU 能直接执行的所有指令的集合
    C. 可执行程序是为解决某个问题而编制的一个指令序列
    D. 可执行程序与指令系统没有关系

12. 一台计算机可能会有多种多样的指令，这些指令的集合就是（　　）。
    A. 指令系统　　　B. 指令集合　　　C. 指令群　　　D. 指令包

13. 一台计算机主要由运算器、控制器、存储器、（　　）及输出设备等部件构成。
    A. 显示器　　　B. 输入设备　　　C. 磁盘　　　　D. 打印机

14. 在外部设备中,绘图仪属于(　　)。

　　A. 辅(外)存储器　　B. 主(内)存储器　　C. 输入设备　　　　D. 输出设备

15. 计算机中既可作为输入设备又可作为输出设备的是(　　)。

　　A. 打印机　　　　　B. 显示器　　　　C. 鼠标　　　　　　D. 硬盘

16. 以程序存储和程序控制为基础的计算机结构是由(　　)提出的。

　　A. 布尔　　　　　　B. 冯·诺依曼　　C. 图灵　　　　　　D. 帕斯卡

17. 以下关于 CPU 的描述中,(　　)是错误的。

　　A. CPU 是中央处理单元的简称

　　B. CPU 能直接为用户解决各种实际问题

　　C. CPU 的档次可粗略地表示微机的规格

　　D. CPU 能高速、准确地执行人预先安排的指令

18. 下面对计算机硬件系统组成的描述,不正确的是(　　)。

　　A. 构成计算机硬件系统的都是一些看得见、摸得着的物理设备

　　B. 计算机硬件系统由运算器、控制器、存储器、输入设备和输出设备组成

　　C. U 盘属于计算机硬件系统中的存储设备

　　D. 操作系统属于计算机的硬件系统

19. 主机板上 CMOS 芯片的主要用途是(　　)。

　　A. 管理内存与 CPU 的通信

　　B. 增加内存的容量

　　C. 储存时间、日期、硬盘参数与计算机配置信息

　　D. 存放基本输入/输出系统程序、引导程序和自检程序

20. 微型计算机的发展是以(　　)的发展为表征的。

　　A. 微处理器　　　　B. 软件　　　　　C. 主机　　　　　　D. 控制器

21. 计算机硬件中没有(　　)。

　　A. 控制器　　　　　B. 文件夹　　　　C. 输入/输出设备　D. 存储器

22. 下列关于微机硬件构成的说法正确的是(　　)。

　　A. 由 CPU 和 I/O 设备构成

　　B. 由主存储器、外存储器和 I/O 设备构成

　　C. 由主机和外部设备构成

　　D. 由 CPU、显示器、键盘和打印机构成

23. 在计算机中,Bus 是指(　　)。

　　A. 基础用户系统　B. 公共汽车　　　C. 大型联合系统　　D. 总线

24. 我们通常说的内存条即指(　　)。

　　A. ROM　　　　　　B. EPROM　　　　C. RAM　　　　　　D. PPROM

25. Cache 的功能是(　　)。

　　A. 数据处理　　　　B. 存储数据和指令　C. 存储和执行程序　D. 以上全不是

26. CPU 不能直接访问的存储器是(　　)。

　　A. ROM　　　　　　B. RAM　　　　　C. Cache　　　　　D. 外部存储器

27. 微型计算机的性能主要取决于(　　)的性能。

　　A. 内存储器　　　　B. CPU　　　　　C. 外部设备　　　　D. 外存储器

28. 在使用计算机时,如果发现计算机频繁地读写硬盘,则可能存在的问题是( )。

    A. 中央处理器的速度太慢   B. 硬盘的容量太小

    C. 内存的容量太小   D. 软盘的容量太小

29. 在关机后,( )中存储的内容将会丢失。

    A. ROM   B. RAM   C. EPROM   D. 硬盘数据

30. 在下列各种设备中,读取数据快慢的顺序为( )。

    A. RAM、Cache、硬盘   B. Cache、RAM、硬盘

    C. Cache、硬盘、RAM   D. RAM、硬盘、Cache

31. 微型计算机通常以微处理器的( )来划分。

    A. 规格   B. 芯片名   C. 字长   D. 寄存器数目

32. 评定主板的性能首先要看( )。

    A. CPU   B. 主芯片组   C. 主板结构   D. 内存

33. 显示器必须与( )配合使用。

    A. 显卡   B. 打印机   C. 声卡   D. 光驱

34. 不是计算机的输出设备的是( )。

    A. 显示器   B. 绘图仪   C. 打印机   D. 扫描仪

35. USB 3.0 接口的理论最快传输速率为( )。

    A. 5.0Gb/s   B. 3.0Gb/s   C. 1.0Gb/s   D. 800Mb/s

36. 某台微机安装的是 64 位操作系统,"64 位"指的是( )。

    A. CPU 的运算速度,即 CPU 每秒能计算 64 位二进制数据

    B. CPU 的字长,即 CPU 每次能处理 64 位二进制数据

    C. CPU 的时钟主频

    D. CPU 的型号

37. 20GB 的硬盘容量约为( )。

    A. 20 亿字节   B. 20 亿二进制位   C. 200 亿字节   D. 200 亿二进制位

38. 小明的手机还剩余 6GB 存储空间,如果每个视频文件为 280MB,则他可以下载到手机中的视频文件数为( )。

    A. 60   B. 21   C. 15   D. 32

39. 计算机的指令系统实现的运算有( )。

    A. 数值运算和非数值运算   B. 算术运算和逻辑运算

    C. 图形运算和数值运算   D. 算术运算和图像运算

40. 现代计算机普遍采用总线结构,包括数据总线、地址总线、控制总线,通常与数据总线位数对应相同的部件是( )。

    A. CPU   B. 存储器   C. 地址总线   D. 控制总线

41. 某微型计算机广告中标有"四核 5-3333 4G ITB GT640 1G 独显 DVD WinsWIFIP",其中 1G 独显的含义是( )。

    A. 独立显示器,1 GB 显存   B. 独立显卡,1GB 内存

    C. 独立显卡,1GB 显存   D. 单核 CPU,1GB 内存

42. 微型计算机的硬件系统包括( )。

    A. 微处理器、存储器、总线、接口、外部设备

B. 主机、键盘和显示器

C. 微处理器、输入设备和输出设备

D. 主机、存储器、输入设备和输出设备

43. 适配卡与微机总线之间的物理连接装置是(　　　)。

　　A. 接口　　　　　　B. 端口　　　　　　C. 扩展槽　　　　　　D. 适配器

44. 硬盘转速的单位 RPM 是指(　　　)。

　　A. 转/秒　　　　　　B. 字节/秒　　　　　　C. 字/分钟　　　　　　D. 转/分钟

45. 64 位地址总线的微型机的可寻址空间为(　　　)字节。

　　A. 2^{16}　　　　　　B. 2^{20}　　　　　　C. 2^{32}　　　　　　D. 2^{64}

46. Cache 可以提高计算机的性能,这是因为它(　　　)。

　　A. 提高了 CPU 的倍频　　　　　　B. 缩短了 CPU 访问数据的时间

　　C. 提高了 CPU 的主频　　　　　　D. 提高了 RAM 的容量

47. 微型计算机中的外存储器可以与(　　　)直接进行数据传送。

　　A. 运算器　　　　　　B. 控制器　　　　　　C. 微处理器　　　　　　D. 内存

48. 一条指令的执行过程为(　　　)。

　　A. 取指令、执行指令、分析指令　　　　　　B. 取指令、分析指令、执行指令

　　C. 分析指令、取指令、执行指令　　　　　　D. 执行指令、分析指令、取指令

49. 下列不属于典型大数据常用单位的是(　　　)。

　　A. MB　　　　　　B. ZB　　　　　　C. PB　　　　　　D. EB

二、填空题

1. 1 个字节(Byte)等于_____个二进制位(bit)。

2. 内存中每个用于数据存取的基本单位都被赋予一个唯一的编号,称为_____。

3. _____是决定一台计算机性能的核心部件,其由_____和_____组成。

4. 常用来描述计算机运算速度的指标是每秒执行百万条指令数,其英文缩写是_____。

5. 主机是指计算机除去输入/输出设备以外的主要机体部分,主要包括_____器、_____器和存储器。

6. 存储器是计算机中的记忆设备,用来存放指令和_____。

7. 配置 Cache 是为了解决_____与内存之间速度不匹配的问题。

8. 总线是 CPU 与其他部件之间传送数据、地址和控制信息的公共通道。根据传送内容的不同,总线可分为数据总线、地址总线和_____。

9. 用屏幕水平方向上显示的点数与垂直方向上显示的点数的乘积来表示显示器清晰度的指标,通常称为_____。

10. CPU 内部_____的大小及速度对 CPU 的性能影响很大。

11. 存储器一般可以分为_____和_____两大类。

12. 计算机控制器的功能主要是指挥、协调计算机各相关_____工作。

13. 计算机向使用者传递计算、处理结果的设备称为_____设备。

14. 可以将数据转换成为计算机内部形式并输送到计算机中去的设备统称为_____。

15. 在微型计算机中,内存按_____编址。

第4章 计算机软件

参考答案

一、单选题

1. 计算机软件系统一般包括系统软件和(　　)。
   A. 字处理软件　　　B. 应用软件　　　C. 管理软件　　　D. 科学计算软件

2. 下列软件中,属于系统软件的是(　　)。
   A. 航天信息系统　　　　　　　　B. Office 2016
   C. Windows NT　　　　　　　　　D. 迅雷

3. 以下软件中属于计算机应用软件的是(　　)。
   A. Android　　　B. Linux　　　C. iOS　　　D. QQ

4. 人们根据特定的需要预先为计算机编制的指令序列称为(　　)。
   A. 软件　　　B. 文件　　　C. 程序　　　D. 集合

5. 下列计算机程序语言中,不是高级程序设计语言的是(　　)。
   A. Visual Basic　　B. Fortran 语言　　C. Python 语言　　D. 汇编语言

6. Java 属于(　　)。
   A. 操作系统　　　　　　　　　　B. 办公软件
   C. 数据库系统　　　　　　　　　D. 计算机程序设计语言

7. 编译程序的最终目标是(　　)。
   A. 发现源程序中的语法错误
   B. 改正源程序中的语法错误
   C. 将源程序编译成目标程序
   D. 将某一高级语言程序翻译成另一高级语言程序

8. 计算机操作系统的主要功能是(　　)。
   A. 管理计算机系统的软硬件资源,以充分发挥计算机资源的效率,并为其他软件提供良好的运行环境
   B. 把高级程序设计语言和汇编语言编写的程序翻译成计算机硬件可以直接执行的目标程序,为用户提供良好的软件开发环境
   C. 对各类计算机文件进行有效管理,并提交给计算机硬件高效处理
   D. 便用户方便地操作和使用计算机

9. 关于多道程序系统的说法,正确的是(　　)。
   A. 多个程序宏观上并行执行,微观上串行执行
   B. 多个程序微观上并行执行,宏观上串行执行
   C. 多个程序宏观上和微观上都是串行执行

D. 多个程序宏观上和微观上都是并行执行

10. 进程已经获得了除 CPU 之外的所有资源并做好了运行准备时的状态是( )。

   A. 就绪状态   B. 执行状态   C. 挂起状态   D. 唤醒状态

11. 进程与程序之间有密切联系,但又是不同的概念,下面描述错误的是( )。

   A. 程序是静态概念,进程是动态概念

   B. 一个程序可多次执行并产生多个不同的进程

   C. 程序可以长期保存,进程随着程序执行完毕而结束

   D. 程序和进程可以相互转换

12. 为了支持多任务处理,操作系统的处理器调度程序使用( )技术把 CPU 分配给各个任务,使多个任务宏观上可以"同时"执行。

   A. 分时   B. 并发   C. 批处理   D. 并行

13. 即插即用的含义是指( )。

   A. 不需要 BIOS 支持即可使用硬件

   B. Windows 操作系统所能使用的硬件

   C. 安装在计算机上不需要配置任何驱动程序就可使用的硬件

   D. 硬件安装在计算机上后,系统会自动识别并完成驱动程序的安装和配置

14. 下列关于设备管理的说法中,错误的是( )。

   A. USB 设备支持即插即用

   B. USB 设备支持热插拔

   C. 接在 USB 口上的打印机可以不安装驱动程序

   D. 在 Windows 操作系统中,对设备进行集中统一管理的是设备管理器

15. 操作系统中负责解决 I/O 设备速度慢、效率低、不可靠等问题的软件模块是( )程序。

   A. 文件管理   B. 存储管理   C. 设备管理   D. 处理器管理

16. 在 Windows 操作系统中,磁盘维护包括硬盘的检查、清理和碎片整理等功能,其中碎片整理的目的是( )。

   A. 获得更多磁盘可用空间   B. 删除磁盘小文件

   C. 改善磁盘的清洁度   D. 优化磁盘文件存储

17. 在 Windows 操作系统中,磁盘清理的目的是( )。

   A. 获得大量的磁盘可用空间   B. 提高磁盘存取速度

   C. 改善磁盘的清洁度   D. 删除磁盘分区

18. UNIX 操作系统是( )。

   A. 单用户单任务操作系统   B. 单用户多任务操作系统

   C. 多用户单任务操作系统   D. 多用户多任务操作系统

19. Windows 是由( )公司推出的一种基于图形界面的操作系统。

   A. IBM   B. Microsoft   C. Apple   D. Intel

20. 通常说文件的名字由( )两部分组成。

   A. 文件名和扩展名   B. 文件名和基本名

   C. 扩展名和后缀   D. 扩展名和名称

21. Windows 操作系统的"回收站"是( )。

    A. 内存中的一块区域   B. 硬盘上的一块区域

    C. 软盘上的一块区域   D. 高速缓存上的一块区域

22. Windows 操作系统中用于管理磁盘上的文件和文件夹的是( )。

    A. 程序管理器   B. 资源管理器   C. 控制面板   D. 剪切板

23. 计算机执行的程序占用内存较多时,可将部分硬盘空间划分出来充当内存使用,划分出来的内存称为( )。

    A. 借用内存   B. 假内存   C. 调用内存   D. 虚拟内存

24. 在 Windows 操作系统中,关于"剪贴板"的叙述中,不正确的是( )。

    A. 凡是执行"剪切"和"复制"命令后,都可以把选取的信息送到"剪贴板"中

    B. 剪贴板中的信息可被复制多次

    C. 剪贴板中的信息可以自动保存成磁盘文件并长期保存

    D. 剪贴板既能存放文字,也能存放图片等

25. 把当前窗口的信息复制到剪贴板上,可使用组合键( )。

    A. Alt+PrintScreen   B. PrintScreen

    C. Shift+PrintScreen   D. Ctrl+PrintScreen

26. Windows 操作系统中,D 盘根目录中文件夹"DATA"里的位图文件"TEST"的完整文件名为( )。

    A. D:\DATA\TEST   B. D:\DATA\TEST\BMP

    C. C:\DATA\TEST.BMP   D. D:\DATA\TEST.BMP

27. 要查找 D 盘上所有的 BMP 文件,应在资源管理器中打开 D 盘,在"搜索"文本框内输入( )。

    A. ?.BMP   B. DIR?.BMP   C. DIR*.BMP   D. *.BMP

28. 在 Windows 操作系统中,操作的特点是( )。

    A. 先选定操作对象,再选择操作命令

    B. 先选定操作命令,再选择操作对象

    C. 操作对象和操作命令需同时选择

    D. 视具体任务而定

29. 在 Windows 操作系统的资源管理器中,如果想一次选定多个分散的文件或文件夹,正确的操作是( )。

    A. 按住 Ctrl 键,右击,逐个选取

    B. 按住 Ctrl 键,单击,逐个选取

    C. 按住 Shift 键,右击,逐个选取

    D. 按住 Shift 键,单击,逐个选取

30. 在 Windows 操作系统中,"复制"的组合键是( )。

    A. Ctrl+C   B. Ctrl+A   C. Ctrl+V   D. Ctrl+X

31. 在 Windows 操作系统中,撤销前一步操作的组合键是( )。

    A. Ctrl+C   B. Ctrl+Y   C. Ctrl+V   D. Ctrl+Z

32. 在不同驱动器的文件夹间直接拖动某一对象,执行的操作是( )。

A. 移动该对象　　　B. 复制该对象　　　C. 删除该对象　　　D. 无任何结果

33. 在 Windows 操作系统中,为保护文件不被修改,可将它的属性设置为(　　)。

　　A. 只读　　　　　　B. 存档　　　　　　C. 隐藏　　　　　　D. 系统

34. 在 Windows 操作系统中,想要关闭无法响应的应用程序时,应按(　　)键,直接启动任务管理器。

　　A. Ctrl＋Alt＋Delete　　　　　　　B. Ctrl＋Delete

　　C. Alt＋Delete　　　　　　　　　　D. Ctrl＋Shift＋Esc

35. 下列关于软件安装和卸载的叙述中,正确的是(　　)。

　　A. 安装软件就是把软件直接复制到硬盘中

　　B. 卸载软件就是将指定软件删除

　　C. 安装不同于复制,卸载不同于删除

　　D. 安装就是复制,卸载就是删除

二、填空题

1. 软件是计算机系统中与硬件相互依存的重要组成部分,通常由程序、_____和文档 3 部分组成。

2. 程序设计语言是人与计算机交流的工具,按照程序设计语言发展的过程,其大概分为_____语言、汇编语言和高级语言 3 类。

3. _____控制和管理计算机的所有软件和硬件资源,合理地组织计算机的工作流程,并向用户提供各种服务功能和软件支持,使得用户能够灵活、方便、有效地使用计算机,使整个计算机系统能高效地运行。

4. Windows 操作系统中,一个正在执行的程序称为_____。

5. _____是用硬盘空间模拟内存。

6. 要在磁盘中安装 Windows 操作系统,其分区格式必须为_____。

7. 在 Windows 操作系统中,采用_____形结构进行文件管理。

8. 在 Windows 操作系统中,文件名最长可以达到_____个字符。

9. 在 Windows 操作系统中,"记事本"的默认文件类型是_____。

10. 在中文 Windows 操作系统中,默认的中文和英文输入方式切换组合键是 Ctrl＋_____。

11. 在 Windows 操作系统中,弹出快捷菜单一般单击鼠标_____。

12. 在 Windows 操作系统中,Ctrl＋X 是_____命令的组合键。

13. 在 Windows 操作系统中,直接删除文件而非进入回收站中,正确的做法是按_____键的同时按 Delete 键。

14. 若要搜索第二个字母为 b,且扩展名为 c 的文件,应输入_____。

15. 打开一个窗口并使其最小化,在_____处会出现代表该窗口的按钮。

第5章 实用软件

一、单选题

1. 在 Word 文档编辑过程中,如需将特定的计算机应用程序窗口画面作为文档的插图,最优的操作方法是( )。

    A. 使所需画面窗口处于活动状态,按 Printscreen 键,再粘贴到 Word 文档指定位置

    B. 使所需画面窗口处于活动状态,按 Alt＋Printscreen 组合键,再粘贴到 Word 文档指定位置

    C. 利用 Word 插入"屏幕截图"功能,直接将所需窗口画面插入 Word 文档指定位置

    D. 在计算机系统中安装截屏工具软件,利用该软件实现屏幕画面的截取

2. 在 Word 文档中,学生"王小敏"的名字被多次错误地输入为"王晓明""王晓敏""王晓民""王晓闵",纠正该错误的最优操作方法是( )。

    A. 从前往后逐个查找错误的名字并更正

    B. 利用 Word"查找"功能搜索文本"王晓",并逐一更正

    C. 利用 Word"查找和替换"功能搜索文本"王晓 ＊ ",并将其全部替换为"王小敏"

    D. 利用 Word"查找和替换"功能搜索文本"王晓?",并将其全部替换为"王小敏"

3. 利用 Word 撰写专业学术论文时,在论文结尾处列出所有参考文献或书目的最优操作方法是( )。

    A. 直接在论文结尾处输入所参考文献的相关信息

    B. 把所有参考文献信息保存在一个单独表格中,然后复制到论文结尾处

    C. 利用 Word 中的"管理源"和"插入书目"功能,在论文结尾处插入参考文献或书目列表

    D. 利用 Word 中的"插入尾注"功能,在论文结尾处插入参考文献或书目列表

4. 如果需要将 Word 文档内容以稿纸格式输出,最优的操作方法是( )。

    A. 适当调整文档内容的字号,然后将其直接打印到稿纸上

    B. 利用 Word 中的"稿纸设置"功能即可

    C. 利用 Word 中的"表格"功能绘制稿纸,然后将文字内容复制到表格中

    D. 利用 Word 中的"文档网格"功能即可

5. 在 Word 文档中,将应用了"标题1"样式的所有段落格式调整为"段前、段后各 12 磅,单倍行距"的最优操作方法是( )。

    A. 将每个段落逐一设置为"段前、段后各 12 磅,单倍行距"

    B. 将其中一个段落设置为"段前、段后各 12 磅,单倍行距",然后利用格式刷功能将格式复制到其他段落

C. 修改"标题1"样式,将其段落格式设置为"段前、段后各12磅,单倍行距"

D. 利用"查找|替换"功能,将"样式:标题1"替换为"行距:单倍行距,段落间距段前:12磅,段后各12磅"

6. 如果一个Word文档有多页,则为页面添加图片背景的最优操作方法是(　　)。

A. 在每一页中分别插入图片,并设置图片的环绕方式为衬于文字下方

B. 和用水印功能,将图片设为文档水印

C. 利用页面填充效果功能,将图片设置为页面背景

D. 执行"设计"选项卡中的"页面背景"命令,将图片设置为页面背景

7. 在Word中,不能作为文本转换为表格的分隔符是(　　)。

A. 段落标记　　　　B. 制表符　　　　C. 逗号　　　　D. ♯♯

8. 将Word文档中的大写英文字母转为小写英文字母的最优操作方法是(　　)。

A. 单击"开始"选项卡→"字体"选项组中的"更改大小写"按钮

B. 单击"审阅"选项卡→"格式"选项组中的"更改大小写"按钮

C. 单击"引用"选项卡→"格式"选项组中的"更改大小写"按钮

D. 右击,在弹出的快捷菜单中选择"更改大小写"命令

9. 如果Word文档目录和正文的页码需要分别采用不同的格式,且均从第1页开始,则最优的操作方法是(　　)。

A. 将目录和正文分别存在两个文档中,分别设置页码

B. 在目录与正文之间插入分节符,在不同的节中设置不同的页码

C. 在目录与正文之间插入分页符,在分页符前后设置不同的页码

D. 在Word中不设置页码,将其转换为PDF格式时再增加页码

10. 如果某位学生的毕业论文分别请两位老师进行了审阅,每位老师分别通过Word的修订功能对该论文进行了修改。现在,该学生需要将两份经过修订的文档合并为一份,最优的操作方法是(　　)。

A. 可以在一份修订较多的文档中,将另一份修订较少的文档修改内容手动对照补充进去

B. 请一位老师在另一位老师修订后的文档中再进行一次修订

C. 利用Word比较功能,将两位老师的修订合并到一个文档中

D. 将修订较少的那部分舍弃,只保留修订较多的那份论文作为终稿。

11. 张经理在对Word 2016文档格式的工作报告进行修改过程中,希望在原始文档显示其修改的内容和状态,最优的操作方法是(　　)。

A. 利用"审阅"选项卡的批注功能,为文档中每一处需要修改的地方添加批注,将自己的意见写到批注框里

B. 利用"插入"选项卡的文本功能,为文档中每一处需要修改的地方添加文档部件,将自己的意见写到文档部件中

C. 利用"审阅"选项卡的修订功能,选择带"显示标记"的文档修订查看方式后单击"修订"按钮,然后在文档中直接修改内容

D. 利用"插入"选项卡的修订标记功能,为文档中每一处需要修改的地方插入修订符号,然后在文档中直接修改内容

实用软件

12. 在 Word 中编辑一篇文稿时,如果需要快速选取一较长段落文字区域,最快捷的操作方法是( )。

    A. 直接用鼠标拖动选择整个段落

    B. 在段首单击,按住 Shift 键不放再单击段尾

    C. 在段落的左侧空白处双击

    D. 在段首单击,按住 Shift 键不放再按 End 键

13. 某歌手大赛进行总决赛时,计划请 100 家新闻单位进行报道,需要向这些新闻单位发送邀请函,则快速制作 100 份邀请函的最优操作方法是( )。

    A. 发动所有员工制作邀请函,每个人写几份

    B. 利用 Word 的邮件合并功能自动生成

    C. 先制作好一份邀请函,然后复印 100 份,在每份上添加新闻单位名称

    D. 先在 Word 中制作一份邀请函,通过复制、粘贴功能生成 100 份,然后分别添加新闻单位名称

14. 在 Word 文档中有一个占用 5 页篇幅的表格,如需使这个表格的标题行都出现在各页面首行,最优的操作是( )。

    A. 将表格的标题行复制到另外两页中

    B. 利用"重复标题行"功能

    C. 弹出"表格属性"对话框,在列属性中进行设置

    D. 弹出"表格属性"对话框,在行属性中进行设置

15. 在 Excel 工作表多个不相邻的单元格中输入相同的数据,最优的操作方法是( )。

    A. 在其中一个位置输入数据,然后逐次将其复制到其他单元格

    B. 在输入区域最左上方的单元格中输入数据,双击填充柄,将其填充到其他单元格

    C. 在其中一个位置输入数据,将其复制后,利用 Ctrl 键选中其他全部输入区域,再粘贴内容

    D. 同时选中所有不相邻单元格,在活动单元格中输入数据,然后按 Ctrl+Enter 组合键

16. 小彭在 Excel 中整理职工档案,希望"性别"一列只能从"男""女"两个值中进行选择,否则系统提示错误信息,最优的操作方法是( )。

    A. 通过 IF 函数进行判断,控制"性别"列的输入内容

    B. 请同事帮忙进行检查,错误内容用红色标记

    C. 设置条件格式,标记不符合要求的数据

    D. 设置数据有效性,控制"性别"列的输入内容

17. 不可以在 Excel 工作表中插入的迷你图类型是( )。

    A. 迷你折线图   B. 迷你柱形图   C. 迷你散点图   D. 迷你盈亏图

18. 小郑从网站上查到了最近一次全国人口普查的数据表格,他准备将这份表格中的数据引用到 Excel 中以便进一步分析,最优的操作方法是( )。

    A. 对照网页上的表格,直接将数据输入 Excel 工作表中

    B. 通过复制、粘贴功能,将网页上的表格复制 Excel 工作表中

C. 通过 Excel 中的"自网站获取外部数据"功能,直接将网页上的表格导入 Excel 工作表中

D. 先将包含表格的网页保存为. htm 或. mht 格式文件,然后在 Excel 中直接打开 该文件

19. 小张正在 Excel 中计算员工本年度的年终奖金,他希望与存放在不同工作簿中的 前3年奖金发放情况进行比较,最优的操作方法是( )。

A. 分别打开前3年的奖金工作簿,将它们复制到同一个工作表中进行比较

B. 通过"视图"选项卡→"窗口"选项组的"全部重排"按钮,将4个工作表平铺在屏 幕上进行比较

C. 通过并排查看功能,分别将今年与前3年的数据两两进行比较

D. 打开前3年的奖金工作簿,需要比较时在每个工作簿窗口之间进行切换查看

20. 小王在 Excel 中制作了一份通讯录,并为工作表数据区域设置了合适的边框和底 纹,她希望工作表中默认的灰色网格线不再显示,最快捷的操作方法是( )。

A. 在"页面设置"对话框中设置不查看网格线

B. 在"页面布局"选项卡→"工作表选项"选项组中设置不查看网格线

C. 在后台视图的高级选项下设置工作表不查看网格线

D. 在后台视图的高级选项下设置工作表网格线为白色

21. 以下错误的 Excel 公式形式是( )。

A. =SUM(B3:E3) * $F$3   B. =SUM(B3:3E) * F3

C. =SUM(B3: $E3) * F3   D. =SUM(B3:E3) * F$3

22. 以下对 Excel 高级筛选功能,说法正确的是( )。

A. 高级筛选通常需要在工作表中设置条件区域

B. 利用"数据"选项卡"排序和筛选"选项组中的"筛选"按钮可进行高级筛选

C. 高级筛选之前必须对数据进行排序

D. 高级筛选就是自定义筛选

23. 在 Excel 中,希望将工作表"员工档案"从工作簿 A 移动到工作簿 B 中,最快捷的操 作方法是( )。

A. 在工作簿 A 中选择工作表"员工档案"中的所有数据,通过剪切、粘贴功能移动 到工作簿 B 中名为"员工档案"的工作表内

B. 将两个工作簿并排显示,然后从工作簿 A 中拖动工作表"员工档案"到工作簿 B 中

C. 在"员工档案"工作表表名上右击,在弹出的快捷菜单中选择"移动或复制"命 令,将其移动到工作簿 B 中

D. 先将工作簿 A 中的"员工档案"作为当前活动工作表,然后在工作簿 B 中通过 插入、对象功能插入该工作簿

24. 小李用 Excel 2016 制作了一份员工档案表,但经理的计算机中只安装了 Office 2003,能让经理正常打开员工档案表的最优操作方法是( )。

A. 将文档另存为 Excel 97－2003 文档格式

B. 将文档另存为 PDF 格式

C. 建议经理安装 Office 2016

D. 小刘自行安装 Office 2003,并重新制作一份员工档案表

25. 李老师制作完成了一个带有动画效果的 PowerPoint 教案,她希望在课堂上可以按照自己讲课的节奏自动播放,最优的操作方法是(   )。

    A. 为每张幻灯片设置特定的切换持续时间,并将演示文稿设置为自动播放

    B. 在练习过程中,利用"排练计时"功能记录适合的幻灯片切换时间,然后播放即可

    C. 根据讲课节奏,设置幻灯片中每一个对象的动画时间,以及每张幻灯片的自动换片时间

    D. 将 PowerPoint 教案另存为视频文件

26. 若需在 PowerPoint 的每张幻灯片中添加包含单位名称的水印效果,最优的操作方法是(   )。

    A. 制作一个带单位名称的水印背景图片,然后将其设置为幻灯片背景

    B. 添加包含单位名称的文本框,并置于每张幻灯片的底层

    C. 在幻灯片母版的特定位置放置包含单位名称的文本框

    D. 利用 PowerPoint 插入"水印"功能

27. 邱老师在学期总结 PowerPoint 中插入了一个 SmartArt 图形,她希望将该 SmartArt 图形的动画效果设置为逐个形状播放,最优的操作方法是(   )。

    A. 为该 SmartArt 图形选择一个动画类型,然后进行适当的动画效果设置

    B. 只能将 SmartArt 图形作为一个整体设置动画效果,不能分开指定

    C. 先将该 SmartArt 图形取消组合,然后为每个形状依次设置动画

    D. 先将该 SmartArt 图形转换为形状,然后取消组合,再为每个形状依次设置动画

28. 小江在制作公司产品介绍的演示文稿时,希望每类产品可以通过不同的演示主题进行展示,最优的操作方法是(   )。

    A. 为每类产品分别制作演示文稿,每份演示文稿均应用不同的主题

    B. 为每类产品分别制作演示文稿,每份演示文稿均应用不同的主题,然后将这些演示文稿合并为一

    C. 在演示文稿中选中每类产品所包含的所有幻灯片,分别为其应用不同的主题

    D. 通过 PowerPoint 中的"主题分布"功能,直接应用不同的主题

29. 设置演示文稿中的 SmartArt 图形动画,要求一个分支形状展示完成后再展示下一分支形状内容,最优的操作方法是(   )。

    A. 将 SmartArt 动画效果设置为"整批发送"

    B. 将 SmartArt 动画效果设置为"一次按级别"

    C. 将 SmartArt 动画效果设置为"逐个按分支"

    D. 将 SmartArt 动画效果设置为"逐个按级别"

30. 在演示文稿中通过分节组织幻灯片,如果要求一节内的所有幻灯片切换方式一致,最优的操作方法是(   )。

    A. 分别选中该节的每一张幻灯片,逐个设置其切换方式

    B. 选中该节的一张幻灯片,按住 Ctrl 键,逐个选中该节的其他幻灯片,再设置切换

方式

    C. 选中该节的第一张幻灯片,按住 Shift 键,单击该节的最后一张幻灯片,再设置切换方式

    D. 单击节标题,再设置切换方式

31. 可以在 PowerPoint 同一窗口显示多张幻灯片,并在幻灯片下方显示编号的视图是( )。

    A. 普通视图   B. 幻灯片浏览视图 C. 备注页视图   D. 阅读视图

32. 针对 PowerPoint 幻灯片中图片对象的操作,描述错误的是( )。

    A. 可以在 PowerPoint 中直接删除图片对象的背景

    B. 可以在 PowerPoint 中直接将彩色图片转换为黑白图片

    C. 可以在 PowerPoint 中直接将图片转换为铅笔素描效果

    D. 可以在 PowerPoint 中将图片另存为 .PSD 文件格式

33. 如需将演示文稿中的 SmartArt 图形列表内容通过动画效果一次性展现出来,最优的操作方法是( )。

    A. 将 SmartArt 动画效果设置为"整批发送"

    B. 将 SmartArt 动画效果设置为"一次按级别"

    C. 将 SmartArt 动画效果设置为"逐个按分支"

    D. 将 SmartArt 动画效果设置为"逐个按级别"

34. 在演示文稿中通过分节组织幻灯片,如果要选中某一节内的所有幻灯片,最优的操作方法是( )。

    A. 按 Ctrl+A 组合键

    B. 选中该节的一张幻灯片,然后按住 Ctrl 键,逐个选中该节的其他幻灯片

    C. 选中该节的第一张幻灯片,然后按住 Shift 键,单击该节的最后一张幻灯片

    D. 单击节标题

35. 小梅需将演示文稿内容制作成一份 Word 版本讲义,以便后续可以灵活编辑及打印,最优的操作方法是( )。

    A. 将演示文稿另存为"大纲/RTF 文件"格式,然后在 Word 中打开

    B. 在 PowerPoint 中利用"创建讲义"功能,直接创建 Word 讲义

    C. 将演示文稿中的幻灯片以粘贴对象的方式一张张复制到 Word 文档中

    D. 切换到演示文稿的"大纲"视图,将大纲内容直接复制到 Word 文档中

36. 小刘正在整理公司各产品线介绍的演示文稿,因幻灯片内容较多,不易对各产品线演示内容进行管理。快速分类和管理幻灯片的最优操作方法是( )。

    A. 将演示文稿拆分成多个文档,按每个产品线生成一份独立的演示文稿

    B. 为不同的产品线幻灯片分别指定不同的设计主题,以便浏览

    C. 利用自定义幻灯片放映功能,将每个产品线定义为独立的放映单元

    D. 利用节功能,将不同的产品线幻灯片分别定义为独立节

37. 在 PowerPoint 中可以通过多种方法创建一张新幻灯片,下列操作方法错误的是( )。

    A. 在普通视图的幻灯片缩略图窗格中,定位光标后按 Enter 键

B. 在普通视图的幻灯片缩略图窗格中右击,从弹出的快捷菜单中选择"新建幻灯片"命令

C. 在普通视图的幻灯片缩略图窗格中定位光标,单击"开始"选项卡→"幻灯片"选项组中的"新建幻灯片"按钮

D. 在普通视图的幻灯片缩略图窗格中定位光标,单击"插入"选项卡中的"幻灯片"按钮

38. 如果希望每次打开演示文稿时,窗口都处于幻灯片浏览视图,最优的操作方法是( )。

A. 通过"视图"选项卡中的"自定义视图"按钮进行指定

B. 每次打开演示文稿后,通过"视图"选项卡切换到幻灯片浏览视图

C. 每次保存并关闭演示文稿前,通过"视图"选项卡切换到幻灯片浏览视图

D. 在后台视图中,通过高级选项设置用幻灯片浏览视图打开全部文档

39. 小马正在制作有关员工培训的新演示文稿,他想借鉴自己以前制作的某个培训文稿中的部分幻灯片,最优的操作方法是( )。

A. 将原演示文稿中有用的幻灯片一一复制到新文稿

B. 放弃正在编辑的新文稿,直接在原演示文稿中进行增修改,并另行保存

C. 通过"重用幻灯片"功能将原文稿中有用的幻灯片引用到新文稿中

D. 单击"插入"选项卡"文本"选项组中的"对象"按钮,插入原文稿中的幻灯片

40. 在演示文稿中利用"大纲"窗格组织、排列幻灯片中的文字时,输入幻灯片标题后进入下一级文本输入状态的最快捷方法是( )。

A. 按 Ctrl+Enter 组合键

B. 按 Shift+Enter 组合键

C. 按 Enter 键后,从右键快捷菜单中选择"降级"命令

D. 按 Enter 键后,再按 Tab 键

第6章

数据管理与数据库

一、单选题

参考答案

1. 关于数据库的说法不正确的是(   )。

  A. 一个相互关联的数据集合   B. 包含了关于某个企业或组织的信息

  C. 是信息系统的核心和基础   D. 是一种数据管理软件

2. 关于数据库系统的说法不正确的是(   )。

  A. 数据库系统是指引入数据库技术后的计算机系统

  B. 狭义地讲,数据库系统就是数据库管理系统

  C. 狭义地讲,数据库系统由数据库和数据库管理系统组成

  D. 广义地讲,数据库系统由数据库、数据库管理系统(及其开发工具)、应用系统、数据库管理员和用户构成

3. 下列不是数据库系统与文件系统本质区别的是(   )。

  A. 数据库系统实现了整体数据结构化,而文件系统只考虑某个具体应用的数据结构

  B. 数据具有较高的共享性,减少了冗余;文件之间基本不能共享,导致数据冗余度高

  C. 数据库系统中程序与数据的逻辑结构和物理存储相独立,而文件系统中数据逻辑结构与文件结构紧密联系

  D. 数据由数据库管理系统统一管理和控制

4. 下列(   )不是数据库中数据的主要结构。

  A. 数据文件   B. 数据字典   C. 索引   D. 散列

5. 数据库中存储的是(   )。

  A. 数据   B. 数据间的联系

  C. 数据及数据间的联系   D. 数据模型

6. 下列(   )是存储在计算机内结构化的数据集合。

  A. 数据库系统   B. 数据库

  C. 数据库管理系统   D. 文件

7. 下列(   )是数据库的两级映像。

  A. 外模式/模式、模式/内模式   B. 模式/外模式、外模式/内模式

  C. 模式/内模式、内模式/外模式   D. 外模式/内模式、内模式/安全模式

8. 下列关于数据模型的说法不正确的是(   )。

  A. 数据模型就是对现实世界数据特征的模拟和抽象

B. 数据模型是一个描述数据、数据联系、数据语义及一致性约束的概念工具的集合

C. 仅反映数据本身

D. 数据模型是数据库系统的核心和基础,任何一个数据库管理系统均是基于某种
数据模型的

9. 实体-联系模型是( )。

    A. 概念模型   B. 逻辑模型   C. 现实世界   D. 物理模型

10. E-R 图中,( )表示实体集。

    A. 矩形   B. 双矩形   C. 椭圆   D. 线段

11. 属性不可以是( )的。

    A. 多值   B. 单一   C. 复合   D. 复制

12. 以下数据库的数据模型中,现今使用的主要的数据模型是( )。

    A. 层次模型   B. 网状模型   C. 关系模型   D. 面向对象模型

13. 关系模型是( )。

    A. 用关系表示实体   B. 用关系表示联系

    C. 用关系表示实体及其联系   D. 用关系表示属性

14. 数据库的物理结构依赖于给定的( )。

    A. E-R 模型   B. 硬件设备和 DBMS

    C. DBMS   D. 操作系统

二、填空题

1. 数据处理的核心问题是_____。

2. 数据库系统一般由_____组成。

3. _____是一个描述数据、数据联系、数据语义及一致性约束的
概念工具的集合。

4. 内模式也称_____模式,描述了_____。一个数据库只有_____个
内模式。

5. _____提供了实体集、属性和联系集的表示方法。

6. _____模型建立在集合代数的理论基础上。

7. 关系模型的数据结构就是一张_____表。

8. _____是数据库系统中最早出现的一种数据模型,它用树形结构来表示各类实体
及实体间的联系。

9. _____不仅去掉了层次模型的两个限制(允许多个节点没有双亲节点,允许节点
有多个双亲节点),还允许两个节点之间存在多种联系。

10. 多个实体之间一对一联系、一对多联系和多对多联系与多个实体两两之间的相应
联系是_____的。

11. 从逻辑结构的角度进行分类,数据库的数据模型主要有_____和_____模型。

12. 概念设计中最著名、最实用的方法就是_____。

第 7 章

计算机网络

一、单选题

1. 以下关于 Internet 的说法中,错误的是( )。
   A. Internet 即国际互联网　　　　　　B. Internet 具有网络资源共享的特点
   C. 在中国称为因特网　　　　　　　　D. Internet 是局域网的一种

2. WWW 就是通常说的( )的简称。
   A. 电子邮件　　　B. 网络广播　　　C. 万维网　　　D. 网络电话

3. 以下网络设备中,能够对传输的数据包进行路径选择的是( )。
   A. 网卡　　　B. 网关　　　C. 路由器　　　D. 中继器

4. www.njtu.edu.cn 是 Internet 上一台计算机的( )。
   A. 域名　　　B. IP 地址　　　C. 非法地址　　　D. 协议名称

5. 下面不属于 OSI 参考模型分层的是( )。
   A. 物理层　　　B. 网络层　　　C. 网络接口层　　　D. 应用层

6. OSI 开放式网络系统互联标准的参考模型由( )层组成。
   A. 5　　　B. 6　　　C. 7　　　D. 8

7. TCP 协议工作在( )。
   A. 物理层　　　B. 链路层　　　C. 传输层　　　D. 应用层

8. 一般情况下,校园网属于( )。
   A. LAN　　　B. WAN　　　C. MAN　　　D. Internet

9. 局域网是指在( )范围内的网络。
   A. 5km　　　B. 10km　　　C. 50km　　　D. 100km

10. ( )不是网络的有线传输介质。
    A. 红外线　　　B. 双绞线　　　C. 同轴电缆　　　D. 光纤

11. 以下不属于无线介质的是( )。
    A. 激光　　　B. 电磁波　　　C. 光纤　　　D. 微波

12. 在浏览器的地址栏中输入了 http:// 127.0.0.1,这指的是( )。
    A. 本机地址　　　　　　　　　　B. 整个网络
    C. 某一网站的 IP 地址　　　　　　D. 无法预测

13. 网络中各节点的互联方式称为网络的( )。
    A. 拓扑结构　　　B. 协议　　　C. 分层结构　　　D. 分组结构

14. 下列不是计算机网络系统的拓扑结构的是( )。
    A. 星形结构　　　B. 总线型结构　　　C. 单线结构　　　D. 环形结构

15. HTML 的中文名是（　　）。
    A. WWW 编程语言　　　　　　　　　B. Internet 编程语言
    C. 超文本标记语言　　　　　　　　　D. 主页制作语言

16. 统一资源定位符的英文简称是（　　）。
    A. TCP/IP　　　　B. DDN　　　　C. URL　　　　D. IP

17. 以下关于统一资源定位符的写法完全正确的是（　　）。
    A. http：//www. mcp. comqueque. html
    B. http：//www. mcp. comqueque
    C. http：//www. Mcp. com/que/que. html
    D. http：//www. Mcp. com/que/que

18. 超文本的含义是（　　）。
    A. 可以包括文本之外的图形　　　　　B. 可以传递声音文件
    C. 可以播放电影　　　　　　　　　　D. 可以与其他文本链接

19. 万维网的网址以 http 为前导，表示遵从（　　）协议。
    A. 纯文本　　　　B. 超文本传输　　　C. TCP/IP　　　D. POP

20. 下列各项中，不能作为域名的是（　　）。
    A. www. aaa. edu. cn　　　　　　　B. ftp. buaa. edu. cn
    C. www，bit. Edu. cn　　　　　　　D. www. lnu. edu. cn

21. Internet 采用域名地址的原因是（　　）。
    A. 一台主机必须用域名地址标识
    B. 一台主机必须用 IP 地址和域名共同标识
    C. IP 地址不能唯一标识一台主机
    D. IP 地址不便于记忆

22. Internet 采用的通信协议是（　　）。
    A. SMTP　　　　B. FTP　　　　C. POP3　　　　D. TCP/IP

23. 下列 IP 地址正确的是（　　）。
    A. 202. 202. 1　　　　　　　　　　B. 202. 2. 2. 2. 2
    C. 202. 112. 112. 1　　　　　　　　D. 202. 257. 14. 13

24. IPv4 地址用（　　）字节表示。
    A. 2　　　　　　B. 3　　　　　　C. 4　　　　　　D. 8

25. 下面不是上网方式的是（　　）。
    A. ADSL 拨号上网　　　　　　　　　B. 光纤上网
    C. 无线上网　　　　　　　　　　　　D. 传真

26. 下列选项中，电子邮箱地址书写正确的是（　　）。
    A. @263. net　　　　　　　　　　　B. 2008BJ@263. net
    C. WWW. 263. net　　　　　　　　　D. 2008BJ♯263. net

27. 电子邮件是 Internet 应用最广泛的服务项目，通常采用的传输协议是（　　）。
    A. SMTP　　　　B. TCP/IP　　　　C. CSMA/CD　　　　D. IPX/SPX

28. 在 Internet 上，计算机之间的文件传输使用的协议是（　　）。

A. HTTP   B. FTP   C. Telnet   D. News

29. 用户可以使用( )命令检查当前 TCP/IP 网络中的配置情况。

  A. ping   B. FTP   C. Telnet   D. IPconfig

30. Microsoft Edge 浏览器能实现的功能不包含( )。

  A. 资源下载   B. 阅读电子邮件

  C. 编辑网页   D. 查看网页源代码

31. 下列( )是计算机网络的功能。

  A. 文件传输   B. 设备共享

  C. 信息传递与交换   D. 以上均是

32. Internet 网站域名地址中的 GOV 表示( )。

  A. 政府部门   B. 商业部门   C. 网络服务器   D. 一般用户

33. 在 Microsoft Edge 中,如果发现一些很有吸引力的站点或网页,希望以后快速登录到这个地方,应该使用( )按钮。

  A. 主页   B. 搜索   C. 收藏   D. 历史

34. 病毒通过( )途径传播到用户的计算机上。

  A. 受感染的软盘   B. 打开受感染的电子邮件附件

  C. 在网络上共享受感染的文档 D. 以上全部

35. 密码学中,发送方要发送的消息称为( )。

  A. 原文   B. 密文   C. 明文   D. 数据

36. 计算机病毒是( )。

  A. 一段计算机程序或一段代码 B. 细菌

  C. 害虫   D. 计算机炸弹

37. 发现计算机病毒后,最佳的清除方式是( )。

  A. 用反病毒软件处理   B. 格式化磁盘

  C. 用酒精涂擦计算机   D. 删除磁盘文件

38. 文件型病毒传染的对象主要是( )类文件。

  A. .DBF   B. .DOC

  C. .COM 和.EXE   D. .EXE 和.DOC

39. 抵御计算机病毒的最重要措施是(   )。

  A. 使用防病毒软件   B. 吃感冒药

  C. 禁止其他人使用自己的计算机 D. 使用 Microsoft Update

40. 计算机病毒的危害性表现在(   )。

  A. 能造成计算机器件永久性失效

  B. 影响程序的执行,破坏用户数据与程序

  C. 不影响计算机的运行速度

  D. 不影响计算机的运算结果,不必采取措施

41. 造成计算机中存储数据丢失的原因主要是(   )。

  A. 病毒侵蚀、人为窃取   B. 计算机电磁辐射

  C. 计算机存储器硬件损坏   D. 以上全部

42. 不是计算机病毒预防的方法是( )。
    A. 及时更新系统补丁　　　　　　　B. 定期升级杀毒软件
    C. 开启 Windows 7 防火墙　　　　　D. 清理磁盘碎片

43. 关于电子邮件,下列说法错误的是( )。
    A. 必须知道收件人的 E-mail 地址　　B. 发件人必须有自己的 E-mail 账户
    C. 收件人必须有自己的邮政编码　　D. 可以使用 Outlook 管理联系人信息

二、填空题

1. Internet 为联网的每个网络和每台主机都分配了唯一的地址,该地址由纯数字组成并用小数点分隔,称为_____。

2. Internet 上目前使用的 IPv4 地址采用_____位二进制代码。

3. 在互联网中,为了把各单位、各地区大量不同的局域网进行互连,必须统一采用_____通信协议。

4. HTTP 是一种_____传输协议。

5. 计算机网络按其所覆盖的地理范围可分为_____和广域网。

6. WWW(World Wide Web)的中文名称为_____。

7. 目前世界上最大的计算机互联网是_____。

8. 202.112.144.75 是 Internet 上一台计算机的_____地址。

9. 在 Internet 中用于文件传送的服务是_____。

10. 计算机互连的主要目的是实现_____。

11. 在计算机网络中,通信双方必须共同遵守的规则或约定称为_____。

12. Internet 上最基本的通信协议是_____。

13. 常见的拓扑结构有星状、环状、树状、网状和_____。

14. 用户要想在网上查询 WWW 信息,必须安装并运行一个被称为_____的软件。

15. 某用户的 E-Mail 地址是 Lu-sp@online.sh.cn,那么该用户邮箱所在服务器的域名是_____。

第8章 计算机新技术

单选题

参考答案

1. 下列不属于云计算特点的是( )。
   A. 高可扩展性　　　B. 按需服务　　　C. 高可靠性　　　D. 非网络化
2. 下列不属于典型大数据常用单位的是( )。
   A. MB　　　　　　B. ZB　　　　　　C. PB　　　　　　D. EB
3. AR 技术是指( )。
   A. 虚拟现实技术　　　　　　　　　B. 增强现实技术
   C. 影像现实技术　　　　　　　　　D. 混合现实技术
4. 下列不属于人工智能涉及的学科是( )。
   A. 计算机科学　　　B. 心理学　　　C. 哲学　　　D. 文学
5. 人工智能的实际应用不包括( )。
   A. 自动驾驶　　　　B. 人工客服　　　C. 智慧生活　　　D. 智慧医疗
6. 人工智能学科主要的研究内容不包括( )。
   A. 计算机视觉　　　　　　　　　　B. 广泛外延
   C. 自然语言理解与交流　　　　　　D. 机器学习

参 考 文 献

[1] 周海芳,周竞文,谭春娇,等.大学计算机基础实验教程[M].3 版.北京：清华大学出版社,2018.
[2] 李凤霞.大学计算机实验[M].2 版.北京：高等教育出版社,2013.
[3] 蒋加伏,沈岳.大学计算机实践教程[M].5 版.北京：北京邮电大学出版社,2017.
[4] 解红.大学计算机实践教程[M].北京：高等教育出版社,2017.
[5] 龚沛曾,杨志强.大学计算机上机实验指导与测试[M].7 版.北京：高等教育出版社,2017.

图书资源支持

感谢您一直以来对清华版图书的支持和爱护。为了配合本书的使用，本书提供配套的资源，有需求的读者请扫描下方的"书圈"微信公众号二维码，在图书专区下载，也可以拨打电话或发送电子邮件咨询。

如果您在使用本书的过程中遇到了什么问题，或者有相关图书出版计划，也请您发邮件告诉我们，以便我们更好地为您服务。

我们的联系方式：

地　　址：北京市海淀区双清路学研大厦 A 座 714

邮　　编：100084

电　　话：010-83470236　　010-83470237

客服邮箱：2301891038@qq.com

QQ：2301891038（请写明您的单位和姓名）

资源下载：关注公众号"书圈"下载配套资源。

资源下载、样书申请

书 圈

图书案例

清华计算机学堂

观看课程直播